適用蘋果 (iOS)、安卓 (Android) 手機與平板電腦

大字大圖解

快樂用

facebook

+LINE

關於我們

• 認識文淵閣工作室

常常聽到讀者說:「我就是看你們的書學會用電腦的」。是的!這就是寫書的出發點和原動力,想讓每個讀者都能看我們的書跟上的腳步,讓軟體不只是軟體,而是提昇個人效率的工具。

文淵閣工作室創立於 1987 年,第一本電腦叢書「快快樂樂學電腦」。工作室的創會成員鄧文淵、李淑玲在學習電腦的過程中,就像每個剛開始接觸電腦的你一樣碰到了很多問題,因此決定整合自身的編輯、教學經驗及新生代的高手群,陸續推出「快快樂樂全系列」電腦叢書,冀望以輕鬆、深入淺出的筆觸、詳細的圖說,讓每位讀者者都能快快樂樂的學習。

• 讀者服務資訊

如果在閱讀本書時有任何問題,或是有心得想討論共享,歡迎光臨文淵閣工作室網站,或者使用電子郵件與我們聯絡。

· 文淵閣工作室網站　http://www.e-happy.com.tw
· 服務電子信箱　e-happy@e-happy.com.tw
· 文淵閣工作室粉絲團　http://www.facebook.com/ehappytw
· 中老年人快樂學粉絲團　https://www.facebook.com/forever.learn

總 監 製	鄧文淵	責任編輯	黃郁菁
監 督	李淑玲	編 輯	鄧君如·熊文誠
行銷企劃	鄧君如·黃信溢		鄧君怡

貼心叮嚀

• 設備環境

本書以 "手機"、"平板" 行動裝置的介面進行操作說明，手機、平板行動裝置主要分為 **安卓 (Android)** 與 **蘋果 (iOS)** 二個類型，書中介紹時如果二個類型的操作畫面不太相同時，會以 **安卓** 圖示代表安卓 (Android) 手機、平板行動裝置，以 **蘋果** 圖示代表蘋果 (iOS) 手機、平板行動裝置，分別說明。

若二個類型的操作畫面相似時，則以 **安卓** (Android) 手機的畫面為主。

• 網路環境

本書於行動裝置上應用程式的下載、 Facebook 與 LINE 操作、瀏覽網頁...等學習過程中，必須先確認網路是否已連線，連線正常時設備上方會出現 🛜 圖示，或是有如 4G ...等網路訊號，才能執行操作。

安卓

蘋果

目錄

01 Facebook 新手入門

02 親朋好友統統加進來

03 用貼文、照片與影片分享生活近況

04 用 Messenger 聊天室傳遞私人訊息

05 相片與影片快速整理好方便

06 更聰明的社交與生活應用

07 朋友名單的分類管理與關係設定

11 隨時聊天即時分享

12 揪好友建立群組聊天室

1

Facebook
新手入門

幾乎人手一台的智慧型手機或平板，只要在裝置上安裝好應用程式，即可隨時隨地與 Facebook (臉書) 上的朋友分享貼文與溝通。

加入好友

1 歡迎加入 Facebook 社群媒體

天涯若比鄰，Facebook (臉書) 能輕鬆地知道世界各地朋友們的近況、除了與老朋友互動，還可以認識新朋友。

為什麼身邊朋友買了手機、平板後就會先安裝 Facebook，最主要有以下幾項原因：

簡單好上手又可免費取得

不論是於手機、平板或電腦裝置上，都可免費下載 Facebook (臉書)，只要安裝、開啟就可使用。而手機、平板裝置上的畫面更是簡化了設計，以圖示引導就能快速找到需要的功能。

上傳心情貼文、相片影片、生日祝福

加入 Facebook 後，就可呼朋引伴加入臉書，不但可以透過分享的貼文得知朋友近況，也可分享自己生活瑣事、旅遊相片影片的貼文，也可以在 Facebook 獻上生日祝福。

定點打卡、按讚、分享美景與美食

與三五好友聚餐，拍下美景美食、標註地點與一起用餐的朋友，用打卡記錄與分享生活。

追蹤有興趣的主題或名人消息

加入粉絲團後，不論是明星動態、即時新聞及體育、美食旅遊情報或養生保健資訊...等，都可在 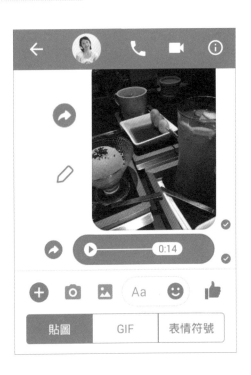 Facebook 隨時看到最新的消息。

以文字、圖片訊息或免費貼圖聯繫朋友

Facebook 可以利用 聊天室訊息功能，透過文字、相片、語音訊息與多種趣味貼圖與朋友保持聯絡，而且完全免費。

免費通話與視訊聊天

如果覺得打字太慢了，可以利用 聊天室語音通話功能與朋友們免費通話，還可以透過視訊面對面聊天。(相關內容可以參考第四章)

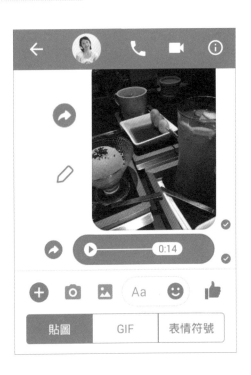

免費註冊 Facebook 帳號

第一次使用 Facebook 需先建立個人帳號,只要有電話號碼就可申請,另外再輸入個人基本資料就可以開始使用囉!

開啟應用程式

由於 **安卓** (Android) 行動裝置與 **蘋果** (iOS) 行動裝置,在 Facebook 畫面上的差異不大,此書後續內容將以 **安卓** (Android) 手機畫面為主,說明行動裝置上使用 Facebook 的方式。

Facebook 安裝完成後,於主畫面點一下 開啟。(若未安裝應用程式,請參考 **附錄 A** 操作說明)

免費申請

01 先確認行動裝置是否已連上網路,由於是第一次進入,於登入畫面點一下 **建立新 Facebook 帳號** (或 **註冊 Facebook**),看完說明後點一下 **下一步** (或 **立即開始**)。

02 提供姓名與生日：於左側欄位輸入姓氏，右側欄位輸入名字，點一下 **下一步** (或 **繼續**)。接著用手指分別捲動年、月、日欄位，指定自己的出生日期，再點一下 **下一步** (或 **繼續**)。

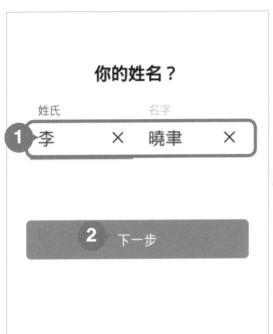

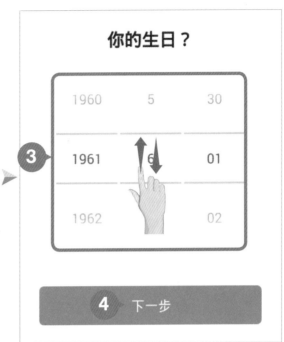

03 提供性別與手機號碼：點一下性別 **男性** 或 **女性**，再點一下 **下一步**。接著輸入手機號碼，再點一下 **下一步** (或 **繼續**)。(也可以點一下 **使用電子郵件地址註冊** 或 **使用電子郵件地址**，以電子郵件註冊帳號。)

04 輸入日後要登入 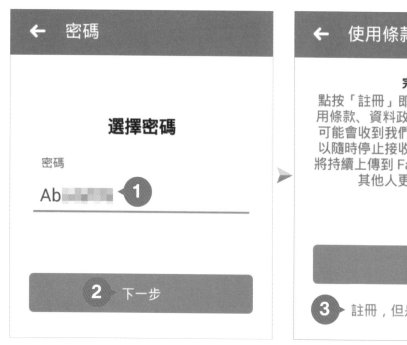 Facebook 帳號的密碼：密碼需為 6 碼以上，且需包含英文及數字 (密碼要記下來)，點一下 **下一步** (或 **繼續**)。接著點一下 **註冊，但是不上傳聯絡人**。(**蘋果** (iOS) 行動裝置點一下 **註冊**)

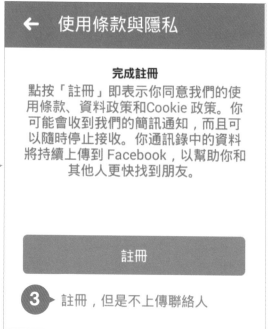

05 如果是自己的裝置可以點一下 **儲存密碼**；如果不是自己的裝置，建議點選 **稍後再說**，接著點一下 **確定**。

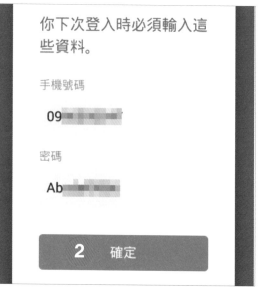

06 手機會收到一組確認碼的簡訊，記下並於如下畫面輸入確認碼後點一下 **確認** (**蘋果** (iOS) 行動裝置無此步驟)，接著會詢問是否要加張大頭貼照，先點選 **略過**。

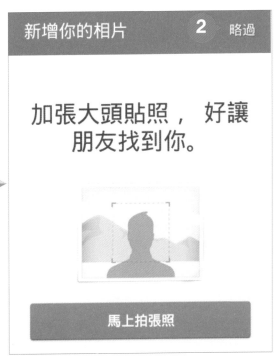

07 在 **尋找朋友** 畫面點二次 **略過**，相關設定會於後續詳細說明。(**蘋果** (iOS) 行動裝置只需點一次 **略過**)

08 在 **加朋友** 畫面 (或 **交友邀請**) 點一下 **略過**，最後點一下 **確定** 記住
密碼，下次點按大頭貼即可直接登入，如此便完成所有註冊流程。
(**蘋果** (iOS) 行動裝置則是在略過 **交友邀請** 後，需輸入一開始收
到的確認碼，再點一下 **送出**)

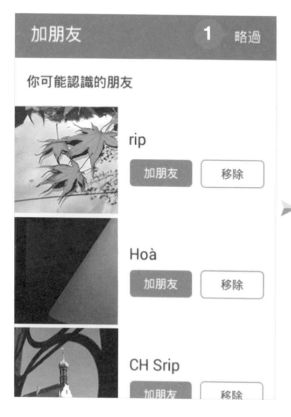 

進入 Facebook

完成申請註冊後進入 📘 Facebook
🗒 動態消息畫面，如果沒有自動開
啟，可以再於主畫面點一下 📘 開啟
進入。

2 親朋好友
統統加進來

加入 Facebook 後，透過新增大頭貼、封面相片與建立
個人基本資料，可以讓朋友容易辨識你的身份，接著就
能尋找認識的人互加為好友，隨時與朋友交流！

加入好友

1 讓朋友可以輕鬆找到我

Facebook 茫茫人海中，為了讓朋友可以順利的找到自己，這裡提供四點設定技巧，提高朋友搜尋到你的機會！

- **使用易於辨識的大頭貼相片**：透過清楚明顯的大頭貼相片，讓親朋好友可以從他們的動態消息中快速辨認出你的身份與消息。

- **使用真實姓名**：註冊 f 時，使用真正的姓名，可以方便朋友快速搜尋到你。

- **加入別名**：如果周圍的親朋好友是透過你其他的名稱，如：暱稱、英文名、中間名、職銜...等跟你做日常的交流，建議可以在帳號中加入**別名**，讓朋友在搜尋時可以更容易辨識你的身份。

姓氏	別名
李	**名稱類型** 暱稱
中間名	
	名稱 Jenny
名字	
曉聿	顯示在個人檔案頂端 ✓

- **填寫基本資料**：透過基本資料的填寫，例如：公司名稱、就讀學校、家鄉...等，讓朋友可以快速找到你，f 也會依這些資訊，建議你可以加為朋友的清單。

2 個人畫面介紹

個人畫面包含封面相片、大頭貼相片、個人資料...等資訊,另外還可以查看所屬的動態消息、相片或朋友...等狀態。

01 於 f 畫面點一下 ☰,再點一下自己的名稱,進入個人畫面。

安卓

蘋果

02 個人畫面上方除了可以設計封面相片、大頭貼相片,還可以建立個人的基本資料、瀏覽相關動態消息、活動紀錄、相片與朋友資訊。

一開始加入 f,熟悉個人畫面的切換,不但可以方便後續操作,逐步完成資料建置,之後找尋朋友也會更加快速!

3 改變自己的大頭貼照

既然 Facebook 通稱為 "臉書"，當然要放上自己的大頭貼相片，現在就試試如何新增或更換大頭貼相片。

選擇能代表自己的大頭貼相片，可方便親朋好友從動態消息中辨認出你的身份與發佈的貼文。

01 於 f 個人畫面點一下大頭貼相片區出現清單，選擇合適的方式取得相片，這裡點一下 **選擇大頭貼照**。

(若出現 **請開放相片存取權限**，點一下 **確定**；**Facebook 想要取用你的照片** 也點一下 **好**。)

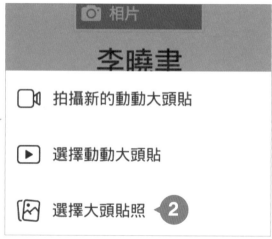

02 於手機相簿中點選要做為大頭貼的相片。

03 點一下 **使用** (或 **儲存**)，回到個人畫面就可看到上傳好的大頭貼，朋友們就能從名稱或大頭貼辨識加你為好友。

小提示

如果想更換大頭貼，只要在個人畫面的大頭貼相片上點一下，在出現的清單中選擇合適的方式來替換相片即可。

4 換上會動的大頭貼

大頭貼除了使用相片外，Facebook 也支援七秒的影片大頭貼模式，可讓你的大頭貼動起來！

01 於 個人畫面點一下大頭貼， **安卓** (Android) 行動裝置與 **蘋果** (iOS) 行動裝置流程稍有不同，請參考以下步驟操作。(若是詢問是否使用相機與麥克風，皆點選 **允許**。)

02 這時會出現拍攝畫面，先點一下 選擇切換至前方或後方的鏡頭，確認拍攝畫面後，點一下 開始拍攝。(**蘋果** (iOS) 行動裝置要先點一下 切換到錄影畫面)

03 拍攝時間最長六秒 (蘋果 (iOS) 行動裝置為七秒)，拍攝結束點一下 ◉ 即可預覽影片。於下方輸入關於這個大頭貼的文字內容後，接著點一下 **使用**。

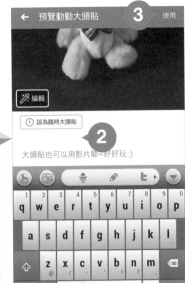

04 最後在個人畫面中就可以看到動態的影片大頭貼了。

小提示

如果動動大頭貼只想要顯示一段時間，可以點一下 **設為臨時大頭貼** (或 **設為臨時大頭貼照**)，點一下想要顯示的時間長度，再點一下 **使用**，這樣待設定的時間到了就會恢復上一個大頭貼。

5 改變自己的封面相片

個人畫面的頂端能放置一張相片當做封面,透過封面相片讓個人畫面更有特色,也能表達自己正在關心的事物。

一般手機拍的相片均可以直接使用在 f 的個人封面。在設計個人封面相片之前,需特別注意:所有的封面相片都是公開的,所呈現的內容不能造假、欺騙或誤導,也不能侵犯他人的智慧財產權。

可以將存放在行動裝置內的相片,依下述步驟上傳到 f 做為個人的封面相片:

01 於 f 個人畫面點一下 **加上封面相片** (或 **+封面相片**),清單中點一下 **上傳相片**。

02 點一下要使用的相片。(如果相片太小或不符合規格,在圖庫中就不會出現。)

03 透過上下拖曳調整欲顯示為封面相片的範圍,確認後點一下 **儲存**,回到個人畫面就完成封面相片設計。

小提示

⬆ 上傳相片

f 選擇Facebook上的相片

▦ 製作封面影像拼貼

如果想再次替換封面相片,只要在封面相片上方點一下,在出現的清單點一下 **上傳相片** 或 **選擇 Facebook 上的相片** 替換。

6 填寫更多個人資料

個人畫面中的大頭貼下方，會列出個人資料，如：家鄉、現居地...等，讓朋友可以藉由這些資訊了解你。

01 於 🅕 個人畫面點一下 ⚙ 即會進入資料填寫畫面。畫面中可填寫 **工作地點、學歷、家鄉**...等資訊，上下滑動選擇想填寫的項目 (在此選擇 **詳細資料**)，點一下 **新增**。

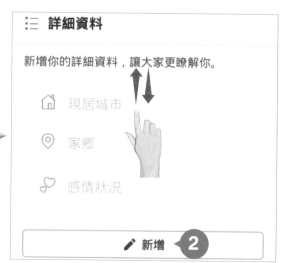

02 在此示範新增現居城市與家鄉，點一下 **+新增現居城市**，於 **現居城市** 與 **家鄉** 欄位中輸入資料後點一下 **儲存**，再點一下 **儲存**。

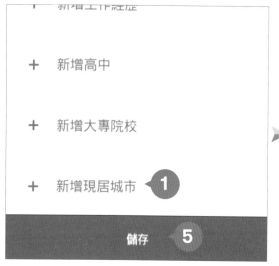

03 點一下左上角的 ← 或 ‹ 回
到個人畫面，剛建立的資料
已顯示在畫面中。

李曉聿

新增個人簡介

編輯個人檔　　活動紀錄　　更多
案

⌂　現居台北市

◎　來自南投市

🕐　2018年10月加入

小提示

1. 建立個人資料時，會在大部分資訊旁看到 🌐，可以
點一下 🌐，透過清單選擇分享此資訊的對象。

現居城市　　　　　　　　　　🌐▾

🌐　**公開**
　　所有 Facebook 的用戶和非用戶　　✓

👥　**朋友**
　　你的 Facebook 朋友

•••　**更多選項**　　　　　　　　∨

2. 建立個人資料時，如果是屬於個人隱私的項目，可選擇不要輸入。

7 加上暱稱或別名

個人畫面上方的名字，可以再加上暱稱或稱謂...等別名，讓親朋好友更容易找到你！

01 於 **f** 個人畫面點一下 &，往下滑動畫面，然後點一下 **編輯「關於」資料**，進入資料填寫畫面。

02 往上滑動畫面找到 **別名**，然後點一下 **你有其他稱呼嗎？**。

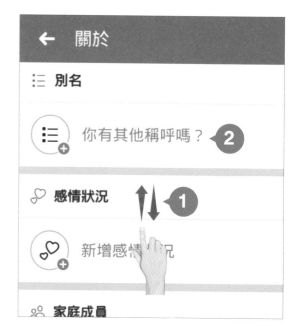

03 切換到該畫面，點一下 **暱稱**，清單中提供了 **暱稱、娘家姓氏**...等類型，這裡點選 **暱稱**。

04 輸入名稱與點一下 **顯示在個人檔案頂端**，右側呈 ✅ 狀，再點一下 **儲存**。

05 回到 f 個人畫面，名字旁會以括弧方式呈現別名。

8 修改顯示的名稱

目前 Facebook 上你的帳戶顯示的姓名是申請時填寫的資料，如果想要更改顯示的姓名，可透過以下方式調整。

01 於 f 點一下 ☰，滑動畫面點一下最下方 **設定和隱私 \ 設定**，再點一下 **個人資料**。

02 點一下 **姓名**，接下來即可更改 **姓氏**、**中間名** 及 **名字**，(之前設定的 **別名** 也可以點一下修改)，最後再點一下 **檢視變更**。

要特別注意的是，變更姓名後的 60 天內都不能再次變更。

9 尋找並加為朋友

有了 Facebook 帳號後，現在就來找尋親朋好友，把他們通通加進來吧！

01 於 f 點一下 🗐，點一下畫面上方的搜尋欄位，輸入朋友的名稱，清單中會顯示相同名稱的人員名單，再點選可能是朋友的名稱。

02 可於搜尋結果名單中，依照大頭貼或別名分辨，點選想要加為朋友的那位。進入該朋友的個人畫面，點一下 **加朋友**，接下來就等朋友回覆。

03 當朋友接受你的交友邀請時， 上會出現 ① (紅底白字)，點一下 切換到相關畫面，清單中會看到朋友已接受交友邀請的訊息，表示雙方已經成為臉書好友。

小提示

加了第一位朋友後，於 🗒 畫面會出現 **你可能認識的朋友** 項目，依所建議的名單點選 **加朋友** 加入已認識或是想認識的朋友，這些名單其實就是來自於你目前朋友名單中的朋友。

點選 **查看全部**，可瀏覽更多朋友建議名單。

10 接受交友邀請

Facebook 裡有很方便的通知系統，如果出現朋友邀請的通知，表示有朋友想加你為好友。

01 於 Ⓕ 畫面中，只要有使用者想要加你為朋友時，👥上就會出現 ❶ (數字代表訊息數量)，點一下 👥。

02 清單中即會顯示提出交友邀請的使用者，透過大頭貼、姓名、別名確認該人是否為所認識的朋友 (也可點一下其姓名進入該人的個人畫面查看)，沒問題就點一下 **確認**。

11 查看朋友資料

如果要觀看某位朋友分享的貼文或相片，只要找到他的大頭貼圖像就可以進入其個人畫面。

01 於 f 畫面點一下 ☰ ，接著點一下 **尋友工具** (或 **朋友**)。

安卓

蘋果

02 點一下 **朋友**，畫面中會列出你目前的朋友名單，只要點一下朋友的大頭貼，就可進入他的個人畫面。

3 用貼文、照片與影片分享生活近況

以 Facebook 分享近況、聊聊趣事或是日常生活中拍攝的相片、影片，即使不常見面也能了解朋友動態。

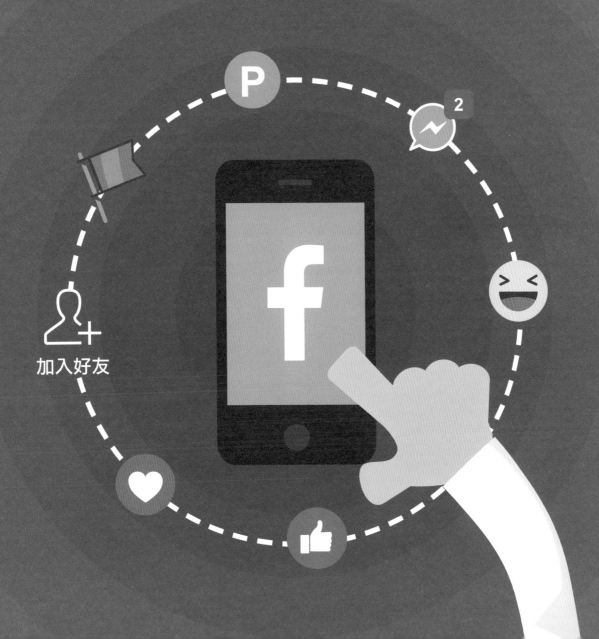

加入好友

1 瀏覽朋友與自己的貼文

在 Facebook 加了朋友的帳號，就能在動態消息畫面看到每位朋友上傳的貼文內容。

01 於 **f** 點一下 ▤，動態消息畫面可以瀏覽朋友或粉絲團、社團與自己的貼文。

02 於 ▤ 畫面往上或往下滑動，即可瀏覽貼文。

2 瀏覽貼文中的網址頁面

朋友貼文中，常見加入網址與大家分享網頁內容，只要點一下網址或下方縮圖就可開啟相關網頁畫面。

01 於 目 畫面貼文裡看到有興趣的內容，點一下貼文中的網址或網頁縮圖，就可開啟該網頁畫面瀏覽。

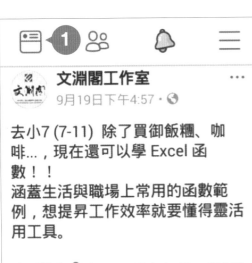

02 網頁內容瀏覽完畢後，點一下 ⊠ 或 ◁ 可以回到貼文。

3 幫朋友的貼文按個讚

看到朋友分享新奇好玩的文章或圖片，直接給個 "讚"，回應也贊同對方的分享。

01 於 ▤ 畫面若是看到朋友分享的近況、連結、相片...等內容覺得不錯時，可以在貼文下方點一下 👍。(想取消 "讚" 時，只要再點一下 👍 呈 👍 狀即可收回。)

02 長按 👍，還會出現 ❤、😆、😮、😢 跟 😠 六種表情符號可選擇，點選任一個表情符號表現對貼文的心情！

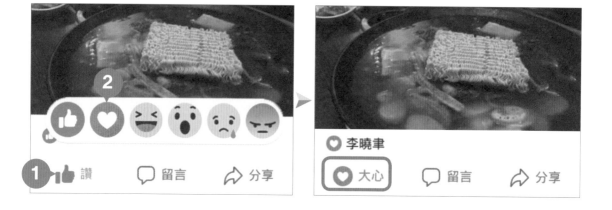

4 留言互動回應朋友貼文

看到朋友分享新奇好玩的文章或圖片，可留言表達自己的看法，回應該則貼文。

留言

想回應朋友分享的近況時，可在該貼文下方留言。

01 於 圖 畫面的朋友貼文下方，點一下 **留言** ，再於下方欄位點一下輸入想回應的文字，輸入完成後點一下 ➤ (或 **傳送**)。
(太長的句子可以按 ⏎ 或 **換行** 分行，讓留言更清楚易讀。）

02 輸入留言按下傳送即完成貼文回應。

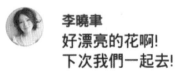

編修或刪除留言

01 長按該會出現 **複製**、**刪除** 與 **編輯** 功能清單。以下示範在原有留言內容裡新增文字,所以點一下 **編輯**,在欲修改文字的地方點一下會出現輸入線。

02 輸入想要修改的文字內容後,點一下 **更新**,即會看到已更新的留言內容。

小提示

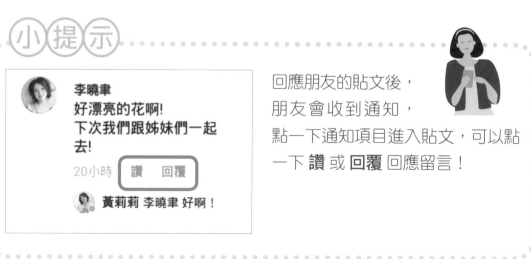

回應朋友的貼文後,
朋友會收到通知,
點一下通知項目進入貼文,可以點一下 **讚** 或 **回覆** 回應留言!

在留言加入貼圖

朋友的貼文下方，**留言** 欄位右側點一下 ，在出現的預設貼圖中先點選樣式，再由清單中點選要顯示的圖案。

(點一下 ⊞ 可進入 **貼圖商店**，下載更多免費貼圖使用。)

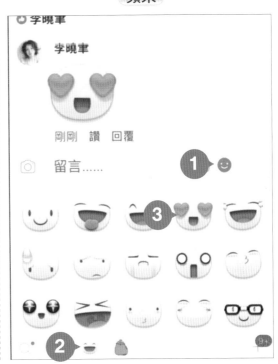

(安卓 (Android) 行動裝置可點幾下裝置上的 🔙，而 蘋果 (iOS) 行動裝置則是點一下 🖼，就可以回到動態消息畫面。)

在留言加入相片

留言的時候不僅可以輸入文字，還可以加入相片。

01 於 **留言** 欄位左側點一下 回。

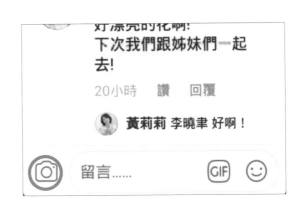

02 開啟行動裝置內的相簿，點一下要加入的相片後，再點一下 **完成**。

03 於 留言 欄位輸入相關文字，點一下 ➤ 就完成在留言中加入相片。

在留言加入網址

留言也可以包含網址資訊，並會顯示該網頁的預覽內容。

01 於瀏覽器開啟要分享的網頁。

02 在網址列長按選取網址後，點一下 🗐 (或 **複製**) 複製網址。回到 ⬛ 畫面於留言欄位長按後，點選 **貼上** 貼上該列網址。

03 於 **留言** 欄位點一下 ➤ 即完成傳送。

5 標註朋友瀏覽特定貼文

想特別分享貼文給某位朋友，可以在該貼文的留言中利用 "@" 符號加上朋友名字，對方就會收到通知訊息查看。

01 在欲通知朋友瀏覽的貼文下方，點一下 **留言**，輸入「@」符號，再輸入朋友名字，出現要標註的朋友全名後，點選該姓名。

02 接著在名字後方輸入想分享的文字，點一下 ➤，朋友就會收到被標註的通知 (如下右圖)。

6 與朋友分享貼文

發現不錯的文章、相片、網址...，只要點選 **分享**，就能立即與其他人分享唷！

01 於 🖼 畫面看到想分享的貼文，在該則貼文點一下 ↷。

02 輸入與分享文章相關的文字後，點一下 **立即分享**。(也可以不輸入文字直接分享)

03 該貼文就會出現在你的動態
時報中，朋友也能看到分享
的內容。

小提示

如果想要複製貼文連結，透過其他平台傳送給朋友，可
以點一下 **複製連結**，再到其他平台貼上複製的連結。在
分享貼文時，如果需要其他的貼文功能，例如：標示朋友、地點或是
心情，點一下 ⤢ 就會進入一般貼文畫面，會有更多選項，輸入完成
後點一下 **發佈**。

7 以文字分享生活動態

生活大小事、心情小語、活動說明...等都可以用文字分享在貼文中，讓朋友知道你的近況。

01 於 📅 畫面點一下 **在想些什麼？**，再點一下 **建立貼文** (**蘋果** (iOS) 行動裝置沒有此步驟)，輸入想說的話，再點一下隱私設定。

02 可以透過隱私清單設定 **公開**、**朋友**...等，指定可以瀏覽貼文的對象，在此點選 **公開**，然後點一下 ← (或 **完成**) 回到編輯畫面，再點一下 **分享**，接著點一下 **立即分享**。

03 可以在 📅 畫面看到剛剛發表的貼文，同一時間你的朋友們也會看到這則動態消息。

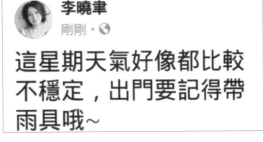

李曉聿
剛剛 · 🌐

這星期天氣好像都比較不穩定，出門要記得帶雨具哦~

8 以相片分享生活動態

有圖有真相，有圖片更能呈現感動的當下，旅遊或聚餐時都能用手機或平板拍照立刻分享。

在動態消息分享相片

01 於 🗒 畫面點一下 **在想些什麼？** 右側或下方的 🖼，點選想要分享的相片後 (可點選多張)，再點一下 **下一步** (或 **完成**)。

02 輸入貼文內容後，於相片上方點一下 **編輯** 進入編輯畫面 (多張相片時則需點一下相片進入)。

03 點一下 🪄 可為相片套用特效，在預設的 ⭐ 特效清單中左右滑動點選合適特效套用 (若不套用可點 ⊘)。

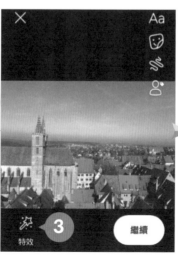

04 點一下 😊 可為相片增加貼圖,滑動畫面點選合適貼上的貼圖,貼上後可按住貼圖不放拖曳到合適位置 (如果想要刪除已貼上的貼圖,可拖曳貼圖到 🗑)。

05 用相似的方式,點一下 Aa 可為相片增加文字,點一下 〰 可為相片增加手繪線條,完成編輯後點一下 **繼續** (或**下一步**)。

06 相片編輯結束後點一下 **分享**,再點選 **動態消息**,接著點一下 **立即分享** 即完成分享相片的貼文。

馬上拍馬上貼

01 於 🖼 畫面點一下 **在想些什麼？** ，滑動下方選單點一下 **相機** 進入拍照模式。(如果出現授權畫面，點一下 **允許使用** 或 **允許。**)

02 將手機後方的鏡頭對準要拍攝的景物，點一下 ⚫ 即可拍下該景物，再點一下 🪄 進入編輯畫面。

03 點選合適的特效或外框套用在相片後，點一下 **下一步** (或 **繼續**)，再輸入貼文內容，接著點一下 **分享**。

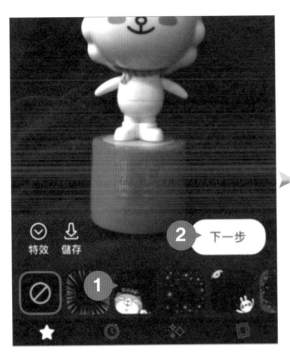

04 點選 **動態消息**，接著點一下 **立即分享**，會立即張貼於動態消息中，朋友們也會看到這則動態消息。

9 以影片分享生活動態

上傳影片與上傳相片的操作方式大同小異，請先準備好欲分享的影片，就能立即分享。

01 於 ▣ 畫面點一下 **在想些什麼？**，點一下 ▨ (或 ▨)，接著點選要上傳的影片後，再點一下 **完成**。

02 輸入貼文相關文字後，點一下 **分享**，核選 **動態消息**，再點一下 **立即分享**，待影片上傳完成，朋友們也會看到這則分享的影片。

10 用貼圖或活動項目分享近況

在 Facebook 上，可以使用心情圖示或者正在從事的活動來分享你的近況。

在 **近況** 中分享心情或正在參加的活動，但每則貼文只能新增一種心情圖示或是活動項目。

標註心情圖示

01 於 📃 畫面點一下 **在想些什麼？**，輸入貼文內容，再點一下 😀。

02 畫面中先點一下 **感受 / 活動 / 貼圖** (或 **感受 / 活動**)，清單中再點選合適的心情圖示 (此例選擇 **感恩**)。

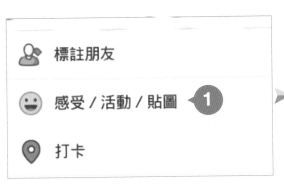 

03 在貼文中就會顯示輸入的文字與心情圖示，點一下 **分享**，再點選 **動態消息**，接著點一下 **立即分享**就可以看到此貼文。

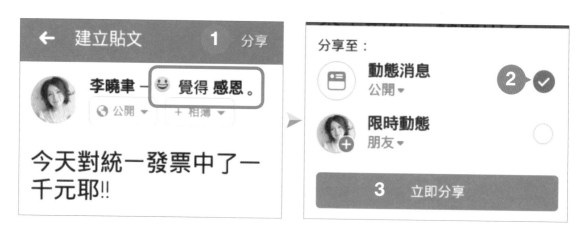

標註正在從事的活動

01 於 ▣ 畫面點一下 **在想些什麼？**，點一下 **感受 / 活動 / 貼圖** (或 **感受 / 活動**)，接著點一下 **活動** (或 **Activities**)，於清單中點選合適的活動項目，再輸入相關文字，最後點一下 **分享**。

02 點選 **動態消息**，再點一下 **立即分享**，就可以在動態消息中看到活動貼文。

11 在貼文標註一同參與的朋友

若某一則貼文是你與朋友共同參與的，只要標註上朋友名稱，
在你和朋友的動態消息畫面上就會同時顯示這則貼文。

在撰寫貼文時標註朋友名字

01 於 🔲 畫面點 下 **在想些什麼？**，上傳相片與輸入貼文後，再點一下
👥，清單中點選標註朋友。

02 在搜尋列輸入要標註的朋友名字，點一下欲標註的朋友，再點一下
完成，如果不小心標註錯時，可以點一下朋友名稱右側 ⊗ 移除。

03 這時在近況欄位中會出現朋友的名字，點一下 **分享**，再核選 **動態消息**，接著點一下 **立即分享** 就完成貼文。

在貼文後標註朋友名字

有時候在發佈貼文後才發現忘了標註朋友名字，怎麼辦？別擔心，以下將說明如何再標註朋友名字的方法。

01 點一下 ☰，再點一下個人名稱，於要標註朋友名字的貼文相片上點一下，進入相片單張瀏覽畫面。

02 接著先點一下 🏷️，再於相片上合適位置點一下，於清單中點選或輸入要標註的朋友名字，最後於相片上由下往上滑動畫面 (或點一下 ❌)可回到貼文。

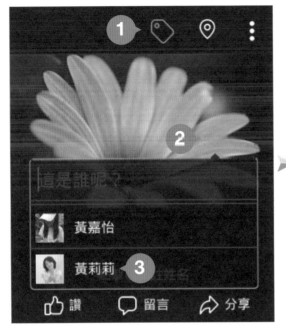 

這樣貼文就會出現朋友的名字，你與朋友的動態消息中也會同時出現這則貼文。

小提示

若是發現標註錯朋友的名字該怎麼修正？一樣進入相片編輯畫面，先點一下 🏷️，這時會出現已標註的朋友姓名，點一下要移除的朋友，再點一下 ❌，即可重新標註正確的朋友姓名。

12 編修與刪除貼文

若是發現分享貼文中的文字有誤或想再編輯，可以利用 Facebook 編輯功能修正。

 點一下 ☰，點一下自己的姓名，於個人動態消息畫面找到要編輯的貼文，點一下 ⋯，點選 **編輯貼文**。

李曉聿
10月16日下午2:13 · 🌐 **1** ⋯

在奧地利美麗紅屋頂及湛藍天空 😊

▶

📑 儲存貼文
　加入珍藏項目

✏️ 編輯貼文 **2**

🌐 編輯隱私設定

 修改貼文內容文字，再點一下 **儲存** 即完成編輯動作。

 小提示

刪除貼文？
如果你只需要更改部分內容，可以編輯貼文。

　　刪除　編輯　取消

如果要刪除貼文，移到貼文點一下 ⋯，滑動畫面點選 **刪除**，於訊息點一下 **刪除** 即可。

13 回覆、編輯與刪除留言

透過 "通知" 可以馬上知道朋友幫你的貼文按讚、互動或留言...等，而已回覆的留言也可以再次的編輯或刪除。

按 "讚" 與回覆留言

當朋友在你的貼文或相片留言時，也別忘了去按個讚或回應。

01 當 🔔 出現紅底白色數字時，表示有朋友在你的貼文留言、接受你的交友邀請...等，可以點一下 🔔，在通知內容中點一下任一則想查看的項目。

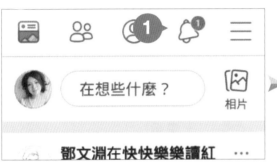 

02 開啟該則通知內容，在該則留言點一下 **讚** 表示認同，這樣朋友也會收到你在他留言按 **讚** 的通知。

03 在朋友的留言點一下 **回覆**，切換到相關畫面，然後輸入想說的話，再點一下 ➤ 就可以回覆留言。

刪除與編輯已回覆的留言

01 回覆留言後，若要刪除或編輯留言內容，可在留言上長按，清單中點一下 **刪除** 或 **編輯**，即可刪除或編輯該則留言。

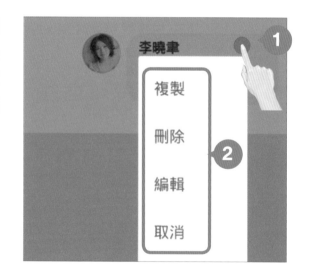

02 完成留言回覆或按 "讚"，可於畫面點一下 ⬅，先回到貼文中，再點一下 ⬅ 即可回到 🔔 畫面 (**蘋果** (iOS) 行動裝置則是點一下 ⟨ 回到 🔔 畫面)。

14 "打卡" 分享景點、換小菜

什麼是 "打卡"？與三五好友聚餐，拍下美食、標註地點、標註一起用餐的好友，用 "打卡" 記錄生活的每一刻。

標註地點

01 於 ▤ 畫面點一下 **在想些什麼？**，再點一下 **打卡**。

02 這時手機的定位功能會開始搜尋目前所在位置附近的景點、商店...等地標，點一下要標註的項目。(如果沒有合適標註地點，可以於 **搜尋地標** 欄位輸入搜尋或新增)

小提示

獲得更好的搜尋結果 ✕
若要改善你的搜尋結果，請檢查設定或嘗試搜尋地標。

前往「設定」

f 定位服務如果尚未開啟，會出現如左畫面，可以點一下 **前往設定** (或 **開啟定位服務**)，於 **位置** 開啟定位服務。

03 若打卡地點為餐廳地標，會出現如右圖的畫面，點選目前狀態 (如果不想設定可以點一下 **略過**)。

(如果打卡地點為景點、飯店、商店...等地標，並不會出現如上的畫面，而是直接出現標註朋友畫面時，先點一下 **略過**。)

標註地點後加入相片、影片

01 標註地點後，點一下 🖼 (或 🖼)，再點一下 **相片 / 影片**。

02 於相簿清單中點選合適的相片或影片，再點一下 **完成**。(也可以點一下 ◎ 拍照，詳細操作可參考 P3-15 說明)。

03 回到編輯畫面會看到已加入相片、影片。(如果想裁切或新增貼圖、文字...到相片上，可以點一下 **編輯** 繼續編修相片。) (多張相片、影片時則需點一下相片、影片才能看到 **編輯**。)

和誰在一起

如果是和朋友一起，可於貼文中標註朋友名稱，日後回顧時也能知道當初是與誰一起去了哪些地方。

01 點一下 👥 ，再點一下 **標註朋友** (或 **標註人名**)。

02 接著於朋友清單中點選要標記的朋友名單 (可多選)，點選後再點一下 **完成**，返回編輯畫面會看到已加入剛才指定的朋友名稱，最後輸入相片的說明文字，點一下 **分享**。

03 點選 **動態消息**，接著點一下 **立即分享** 完成貼文。

15 360 度環景相片讓朋友也如臨現場

在 Facebook 上傳手機所拍攝的環景相片，朋友只要在該相片上拖曳或改變手機角度，就可以如身歷其境般地觀賞。

01 於 回 畫面點一下 **在想些什麼？**，滑動下方選單點一下 **360 度相片**。

02 首次使用於訊息點一下 **確定**，開啟球狀拍攝畫面後，將方框對準拍攝場景的中央，點一下 ⬤ 開始拍攝，接著上下左右慢慢轉動鏡頭，以白色方框截取完整的 360 度場景。

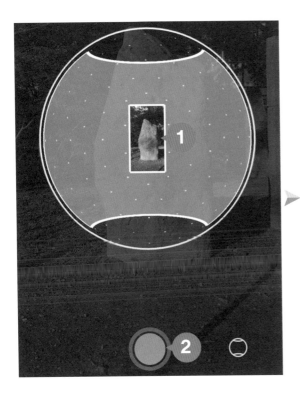

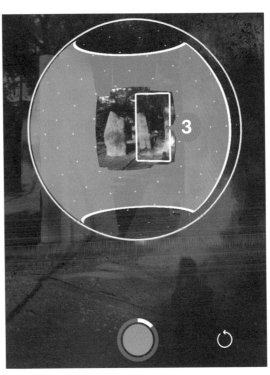

03 截取完成後，⬤ 外圍會繞完一圈白色或直接點一下 ➡️ ，完成運算後，輸入貼文內容再點一下 **分享**。

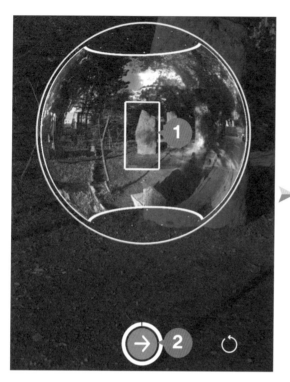

04 核選 **動態消息** 後再點一下 **立刻分享**，完成貼文。貼文中可上下左右滑動觀看這份 360 度貼文相片。

4 用 Messenger 聊天室
傳遞私人訊息

使用智慧型手機或平板裝置上的 Messenger 聊天室，
即可隨時隨地傳遞訊息。

1 使用 Messenger 聊天室

Messenger 聊天室是 Facebook 的訊息服務,讓你可以與他人互相傳送訊息、打電話、視訊通話...等。

進入 Messenger 聊天室

01 Messenger 安裝完成後,於主畫面點一下 **f** 開啟。(若未安裝應用程式,請參考 **附錄 A** 的操作說明)

02 於 **f** 畫面點一下 切換到 Messenger。

小提示

除了可以進入 Facebook 後再開啟 Messenger,也可以於主畫面點一下 **Messenger** 直接開啟。

首次登入

第一次開啟時要先確認身份再登入，安卓 (Android) 行動裝置與 蘋果 (iOS) 行動裝置的登入流程稍有不同，請參考以下步驟操作：

安卓

歡迎使用 Messenger

謝謝安裝，現在就開始設定吧！

1 以李曉聿的身分繼續

傳送簡訊給任何手機聯絡人

繼續上傳你的聯絡人相關資料，像是電話號碼和暱稱，以及你的通話和簡訊記錄。這樣可讓用戶在 Facebook 上找到彼此，也能幫助我們為所有人打造更美好的體驗。瞭解詳情。

開啟

2 稍後再說

蘋果

歡迎使用 Messenger

立即和生活中的任來對象取得聯繫。

1 以李曉聿的身分繼續

請開啟通知

如此一來，你和朋友都可以即時透過手機查看訊息。

稍後再說　**2** 確定

通知可包含提示、聲音和圖像標記。可以在「設定」裡進行設定。

不允許　　　允許 **3**

新增你的手機號碼？

用戶可以使用你的電話號碼搜尋你。此資料也可幫助 Facebook 和 Messenger 提供更好的建議。瞭解詳情

4 稍後再說

略過手機號碼？

新增電話號碼，讓已有你電話號碼的朋友更容易在 Messenger 上找到你。

5 略過　　　新增號碼

在 Messenger 上尋找手機聯絡人

6 稍後再說

你的聯絡人不會上傳

取消　**7** 確定

2 訊息通知與回覆

聊天室有類似手機簡訊的訊息功能，只要有網路，當朋友傳訊息留言給你時就會自動通知。

01 於 f 收到新訊息的通知時，💬 圖示旁會顯示紅底白字的數字，表示有未讀的新訊息，點一下 💬 切換到 Messenger 聊天室。

02 於 🏠 (或 🏠) 的 **訊息** 畫面，點選要瀏覽與回覆的訊息，進入一對一專屬的聊天室畫面。

03 於訊息欄位輸入文字，點一下 ➤ 就可以傳送訊息。

3 找朋友聊聊天

只要點選朋友的名字，就可以立即跟朋友聊天囉！(若朋友沒有即時回覆，也別太心急，待朋友回覆你就會收到通知囉！)

01 進入 💬 的 🏠 畫面，點一下 **訊息**，清單中點選要聊天的朋友名字。

02 輸入訊息後，再點一下 ➤ 即可傳送訊息。

小提示

如果朋友太多不容易找，可以於搜尋列輸入朋友帳號名稱，再於搜尋結果清單中依大頭貼辨識點選。

4 訊息中加入趣味貼圖

在文字訊息中加上一些生動的貼圖，更能表達心情增加趣味。

01 進入與朋友的聊天畫面後，點一下 ☺，點一下 **貼圖**，再點選貼圖主題，於清單中點選貼圖圖案，就會在訊息中顯示貼圖。

安卓

蘋果

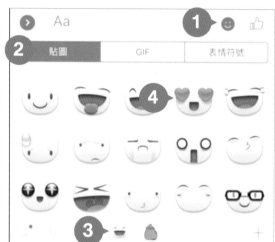

02 於 ☺ 中 **貼圖** 點一下 ⏱，會顯示最近曾使用過的貼圖，方便再次快速點選。

5 下載更多貼圖或移除貼圖

若是想要擁有更多生動的貼圖，可以前往 **貼圖商店** 下載，不但完全免費也有多樣選擇。

下載貼圖

01 進入與朋友的聊天畫面後，點一下 ☺，點一下 **貼圖**，再點一下 ⊕ 開啟 **貼圖商店** 畫面。

安卓

蘋果

02 點一下 **精選** 或 **全部**，滑動畫面瀏覽貼圖主題並點選想要下載的貼圖主題，瀏覽貼圖主題後，若是喜歡可點一下 **下載**。

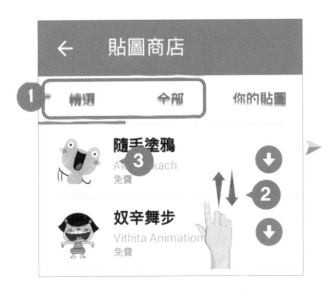

03 下載完畢會顯示 **已下載**，這時再點一下左上角 ← 或 〈 可回到上一
頁畫面。

移除貼圖

若要移除貼圖，於 **貼圖商店** 畫面點一下 **你的貼圖**，清單中會顯示目前
已下載的貼圖，接著 **安卓** (Android) 行動裝置與 **蘋果** (iOS) 行動裝置
的移除設定流程稍有不同，請參考以下步驟操作。

安卓　　　　　　　　　　　　　　　**蘋果**

6 傳送語音留言

當有許多話想說、又懶得輸入文字時，可以用錄音的方式將想跟朋友說的話錄下來，再以訊息傳給朋友。

01 進入與朋友的聊天畫面後，**安卓** (Android) 行動裝置與 **蘋果** (IOS) 行動裝置的傳送流程稍有不同，請參考以下步驟操作。

安卓

點一下 ，再點一下 🎤，手指按紅色 **錄音** 不放開始說話，放開手指即完成錄音並傳送。

蘋果

手指按 🎤 不放開始說話，放開手指即完成錄音並傳送。

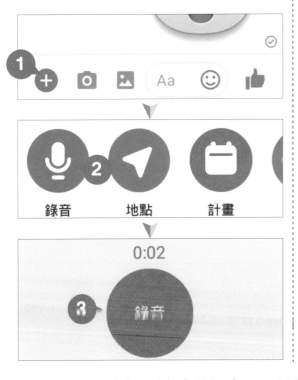

(如果錄到一半想取消該段錄音，可以將手指向上滑開取消。)

02 錄音傳送給朋友後，只要朋友點一下 ▶ 即可聆聽這段語音訊息。

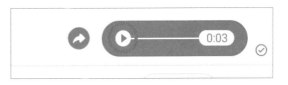

7 傳送相片和影片

聊天室可以傳遞文字與貼圖，還可以分享隨手拍的相片、影片。

01 進入聊天畫面後，點一下 🖼，清單中會列出相機中的相片或影片，點一下 ▦，可瀏覽更多的相片或影片，再一一點選想要傳送的相片或影片 (可一次多選)。

02 選好後點一下 ▶，回到聊天畫面，就會看到傳送出去的相片或影片。

03 若想編輯相片或影片後再傳送，點一下 🖼，於清單點選該相片或影片，再點一下 🖊 (或 **編輯**)，可以點選 🔲 裁切相片、☺ 加插圖、Ａａ 加文字、✍ 手寫標註、✂ 裁切影片，完成後點一下 ▶ 傳送。

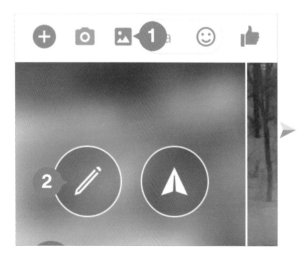

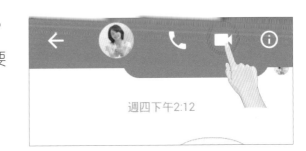

8 免費通話或視訊聊天

如果覺得打字聊天太慢了,可以利用視訊或通話的方式與朋友聊聊天。

視訊聊天

01 進入聊天畫面後,點一下 📹。
(**蘋果** (iOS) 行動裝置會要求取用相機,點一下 **好**。)

週四下午2:12

02 當對方接受通話邀請就會開啟視訊畫面 (可看到朋友的臉),要結束視訊聊天時,只要點一下 📞 即可 (若沒看到 📞 可點一下畫面)。
(請留意視訊通話需要雙方的 WiFi 網路,或使用電信上網資費。)

點一下可切換為前置或後置鏡頭

通話聊天

01 進入與朋友的聊天畫面後，點一下 📞 撥給朋友。(**蘋果** (iOS) 行動裝置會要求取用麥克風，點一下 **好**。)

02 接著會開始撥電話給朋友，當朋友接受後就可以開始通話了，若要結束通話聊天，只要點一下 📞 即可。(請留意視訊通話需要雙方的 WiFi 網路，或使用電信上網資費。)

點一下 🎥 可切換為視訊模式

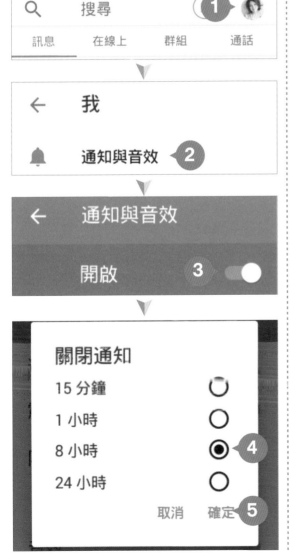

9 關閉訊息通知

若覺得訊息通知聲音太惱人，可以設定關閉通知，避免在上班或休息時被打擾。

01 於 💬 點一下自己的大頭貼圖示進入設定畫面，**安卓** (Android) 行動裝置與 **蘋果** (iOS) 行動裝置設定流程稍有不同，請參考以下步驟操作。(關閉通知的時段可依自己狀態調整)

安卓

蘋果

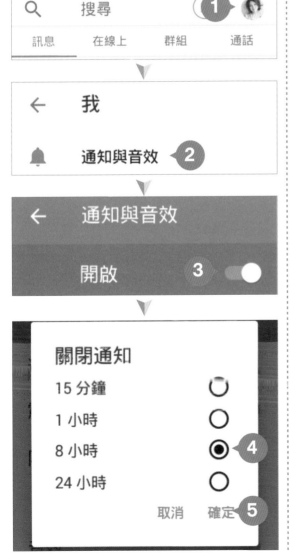

02 於通知的畫面，確認 **安卓** (Android) 行動裝置 **通知與音效** 為關閉，而 **蘋果** (iOS) 行動裝置 **勿擾** 為開啟。

03 完成後，即可看到關閉通知的時間點。(**蘋果** (iOS) 行動裝置需點一下左上角 ❮，回到設定畫面才可看到)

安卓　　　　　　　　　　　　　蘋果

想要關閉某個特定朋友的通知，可以到與該朋友的專屬聊天室中，點一下 ⓘ (或帳號名稱)，點一下 **通知**，再點一下 **關閉對話通知** 設定關閉時間，就不會被通知打擾。

安卓　　　　　　　　　　　　　蘋果

5 相片與影片
快速整理好方便

每次活動拍了一堆相片想要上傳 Facebook 與朋友分享，一張張上傳太費時，透過相簿除了可同時上傳多張相片、影片，還可指定相簿名稱進行分類整理。

加入好友

1 整理前要先進入相片編輯環境

想在 Facebook 上傳相片或建立相簿，必須先進入 "個人相片編輯環境" 才能操作。

01 於 f 畫面點一下 ≡ 。

安卓　　　　　　　　　　　　　　蘋果

02 點一下個人名稱，於個人資料下方點一下 **相片**，即可進入個人相片編輯環境 (可在此選擇要上傳或編輯的相片、影片)。

2 建立新相簿並上傳相片、影片

利用 Facebook 相簿功能為不同時間、主題拍攝的相片、影片，建立專屬的相簿，日後可依相簿名稱查找，方便又快速。

01 於 📘 個人相片編輯環境，點一下 **相簿**，再點一下 ➕ 進入 **建立相簿** 畫面，相簿隱私預設為公開，如果只想跟 "朋友" 分享這本相簿，點一下 **公開** 進入設定畫面。

接著點一下 **朋友**，會呈 ✅ 狀，點一下 ⬅ (或 **完成**)，回到 **建立相簿** 畫面。

安卓

蘋果

02 輸入新相簿名稱以及敘述說明後，點一下 **建立** (或 **儲存**)。

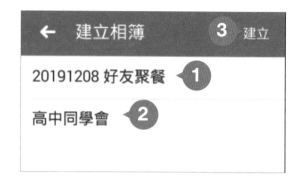

03 選取要加入相簿的相片或影片，**安卓** (Android) 行動裝置與 **蘋果** (iOS) 行動裝置的流程稍有不同，請參考以下步驟操作：

安卓

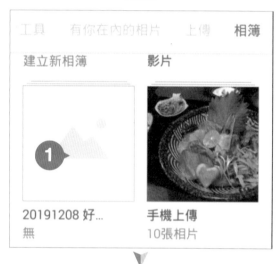

蘋果

04 寫上相關說明後，點一下 **分享** (或 **上傳**)，再點一下 **立即分享**，就能上傳相簿並看到新相簿的內容。

05 分享 (上傳) 後，於相簿畫面點一下 ← 或 ＜，會回到個人相片編輯環境，再點一下 ← 或 ＜，則會回到個人畫面，可以看到該相簿已張貼於動態消息中，朋友們也會看到這則相簿貼文。

3 看看已上傳的相片或相簿

分享或上傳到 Facebook 的相片、影片會被整理到 **上傳** 與 **相簿** 二類項目中。

01 於 f 個人相片編輯環境，點一下 **上傳** (或 **上傳內容**)，會顯示你所上傳的全部相片縮圖，點一下縮圖可放大照片瀏覽，往左、往右滑動可以瀏覽前後相片。

(**安卓** (Android) 行動裝置可點一下裝置上 🔙，而 **蘋果** (iOS) 行動裝置可點一下左上角 ✖，回到前一個畫面。)

02 點一下 **相簿**，會看到之前建立的相簿以縮圖全部整理在這裡，其中 **影片** 相簿則存放了所有上傳的影片。想要瀏覽相簿內容，可點一下相簿縮圖，進入瀏覽。

(於相簿畫面點一下左上角 ← 或 ‹，可回到前一個畫面。)

4 於已建立的相簿加入更多相片、影片

有時拍攝的相片很多，可以先建立相簿，待有空時再陸續新增
其他相片到現有的相簿中。

01 於 🅕 個人相片編輯環境，點一下 **相簿**，點選要瀏覽的相簿，再點
一下 **新增相片 / 影片** 切換到相關畫面。

02 點選要加入這個相簿的相
片、影片，選取後縮圖右上
角會出現目前點選的張數，
完成選取後再點一下 **完成**。

03 輸入相關說明文字後點一下 **分享** (或 **上傳**)，回到相簿畫面待相片上傳完成，往上滑即可看到新增的相片、影片。

04 新增後，於相簿畫面點一下 ← 或 ‹ ，回到個人相片編輯環境，再點一下 ← 或 ‹ ，則會回到個人畫面，這時會看到該相簿內容再次張貼於動態消息中，同一時間朋友也會看到這則訊息。

小 提 示

相片、影片上傳至 Facebook 後，就無法再進行相簿搬移與調整順序，因此建議先建立相簿後再上傳。如果還不確定要上傳到哪一本相簿，可以先上傳至 **手機上傳** 相簿中以方便後續使用。

5 刪除相片、影片或相簿

Facebook 中刪除相片、影片或相簿，無法像在電腦裡的資源回收筒一樣回收復原，所以在刪除前一定要三思而行動。

刪除相片、影片

01 於 f 個人相片編輯環境，點一下 **相簿**，點選其中一本相簿，再點選要刪除的相片、影片縮圖，切換到瀏覽畫面。

02 點一下 ⋮ (或 ⋯)，清單中點一下 **刪除相片** (或 **刪除影片**)，在詢問訊息中點一下 **刪除** 即可。

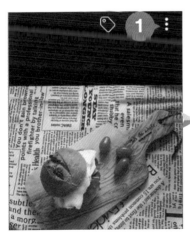

刪除整本相簿

01 於 f 個人相片編輯環境，點一下 **相簿**，點選要刪除的相簿，進入個別相簿畫面。

九樹窯烤
5張相片

動態時報相片
7張相片

02 點一下 ⋯，清單中點一下 **刪除** (或 **刪除相簿**)。

九樹窯烤

+ 新增相片 / 影片

✎ 編輯

✕ 刪除

03 詢問訊息中點一下 **刪除**，可以刪除此相簿。

刪除相簿？

你確定要刪除「九樹窯烤」相簿嗎？這本相簿中的相片也會被刪除。

取消　刪除

小 提 示

於 f 個人相片編輯環境，點一下 **上傳** (或 **上傳內容**)，會列出所有上傳的相片，可以上一頁說明的方式刪除相片。

6 瀏覽與這本相簿相關的貼文、留言

依主題將相片歸類整理於相簿中,透過 "摘要檢視" 欄位可以讓你一次看到在這本相簿內打卡、更新或朋友留言的貼文。

01 於 個人相片編輯環境,點一下 **相簿**,點選要瀏覽的相簿,再點一下 ▤,切換到這本相簿的摘要檢視畫面,上、下滑動可以看到更多與這本相簿相關的貼文。

02 直接於這個相簿的 **加到這個相簿** (或 **新增到此相簿**)欄位輸入文字說明或加入更多相片,即可以針對這本相簿更新近況內容。

7 與朋友共同編輯一本相簿

跟家人、朋友共同編輯相簿，該相簿會出現在每個共同製作者的相簿清單中，可以一起上傳照片、收藏屬於你們的回憶。

01 於 f 個人相片編輯環境，點一下 **相簿**，點選要瀏覽的相簿。再點一下相簿右上角 ⋯，清單中點選 **編輯**。

02 點選 **新增協作者** 右側的 ⬜️，呈 🔘 狀即開啟該功能，點選 **選擇朋友** 指定要一同編輯相簿的朋友，最後點選 **完成** 二次，即完成與朋友共同編輯此相簿的設定。(朋友會收到已成為協作者的通知)

01 於 f 個人相片編輯環境，先進入個別相簿畫面，再點選要分享的相片、影片，切換到單張瀏覽畫面，再點一下 **分享** (或 **分享 \ 撰寫貼文**)。

02 輸入相關文字後，點一下 **發佈** (或 **立即分享**)，回到個人畫面可看到已張貼於動態消息中。

9 在相片上標註朋友名稱

Facebook 有自動辨識人臉標記名稱的功能，你也可以於相片手動標註，該則貼文也會出現在好友的動態時報中。

01 於 **f** 個人相片編輯環境，點一下 **相簿**，點選要瀏覽的相簿，再點一下要標註人名的相片。

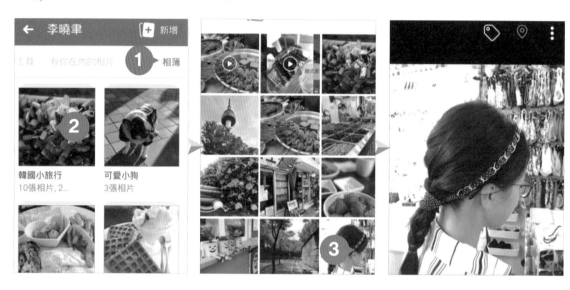

02 於該相片單張瀏覽畫面點一下 **◉**，再點一下相片人物，會出現朋友名稱的清單，可以點選清單中朋友的名稱或輸入朋友名稱再點選，完成之後相片人物上即會顯示朋友名稱。

10 移除朋友在相片上對你的標註

朋友沒有經過你同意，在相片或貼文中標註你的名稱，若是認為有侵犯到你的隱私時，可以移除標註。

01 於 🇫 個人相片編輯環境，點一下 **有你在內的相片**，此處可以瀏覽所有標註了你名稱的相片，點選要移除標註的相片。

02 於該相片單張瀏覽畫面點一下 🏷，會出現該相片目前標註的名稱，於你的名稱上點一下，再點一下 ✖，回到上一層 **有你在內的相片** 畫面中就看不到此張相片。

11 為相片加上說明、標註地點

為上傳到 Facebook 的相片，加上說明與地點標註，可清楚了解每張相片的故事。

01 於 🅵 個人相片編輯環境，點一下 **相簿**，點選要瀏覽的相簿，再點選要加入說明與標註地點的相片，切換到該相片單張瀏覽畫面。

02 這時會自動判斷該相片合適的標註地點，並出現在畫面上方，若地點正確就點一下地點名稱右側的 ☑ 完成地點標註。

03 若自動偵測的地點名稱不正確或是沒有自動偵側時，點一下上方 📍，在新增地點欄位輸入地點關鍵字，於清單中點選合適的地點名稱。

04 在相片上長按會出現功能清單，點一下 **編輯相片說明** (或 **編輯相片解說**)。

05 輸入相片相關說明，點一下 **儲存變更** (或 **儲存**)，在相片單張瀏覽畫面下方會出現相片的說明文字。

12 儲存朋友貼文中的相片

在朋友的貼文的相片中看到本次出遊你沒有捕捉到的精彩畫面，只要朋友同意即可將相片存到自己手機中。

01 在朋友貼文中，點一下想要存到自己手機的相片，會切換到該相片單張瀏覽畫面。

02 在相片上長按會出現功能清單，點一下 **儲存到手機** (或 **儲存相片**)。(為了避免智慧財產權問題，儲存相片前必須先詢問朋友的意願)

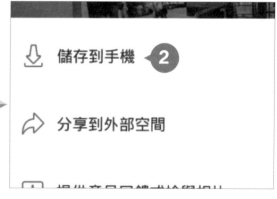

03 相片存好後，於 **安卓** (Android) 行動裝置的相片庫中會自動建立 Facebook 資料夾，進入後可看到該相片，而 **蘋果** (iOS) 行動裝置則在 📷 **照片** 的今天日期中可看到該相片。

6 更聰明的
社交與生活應用

加入名人、即日、新聞、體育、生活...等粉絲專頁或社團，可隨時掌握第一手資訊；也可透過 Facebook 送上生日祝福、舉辦活動、找美食景點。

加入好友

1 認識粉絲專頁及社團

透過 "粉絲專頁" 與 "社團" 結交朋友，聚集朋友們進行溝通與分享的應用空間。

粉絲專頁

粉絲專頁是企業、名人、媒體為了與其客層直接接觸所設立的頁面，通常會在該頁面提供相關產品訊息，進一步與消費者互動。例如：食尚玩家、康健雜誌、長春月刊、中老年人快樂學、想享學、天下雜誌、DCView 數位視野、慢跑俱樂部、登山補給站、ETtoday 新聞雲、東森新聞、蘋果日報...等。

粉絲專頁的特性為：

● 任何人均可以加入，粉絲人數無限制。

● 張貼在粉絲專頁的訊息完全對外開放，即使沒有按讚訂閱追蹤也都能看得到，按讚追蹤後就能即時收到專頁貼文。

如果是粉絲專頁，會於大頭貼相片右側顯示 👍 讚。

社團

社團一般為非營利團體，由志同道合的朋友針對特定主題分享，可以設定為公開或非公開性質，例如：快快樂樂讀紅樓夢、電影愛好者、只帶手機去旅行、GoPro 現象交流分享、美味生活愛分享、慢跑協會、自行車運動協會、野鳥學會...等。

社團特性為：

● 要加入社團需經由管理員審核才能加入 (部分社團加入時會要求回答幾個簡單的問題，例如：從何處知道這個社團或一些與該社團性質相關的專業問題，以供管理員評估是否讓你加入)。

● 加入了社團的成員可以查看其他成員和他們發佈的貼文。

2 尋找粉絲專頁及社團

使用明星、公司、雜誌、品牌、節目或是活動項目...等的名稱，
可以快速找到感興趣的粉絲專頁或社團！

01 於 f 畫面搜尋列點一下，輸入感興趣的粉絲專頁或社團名稱關鍵字，例如：旅行、跑步團、騎腳踏車、健康、美食、康健、天下、五月天、食尚玩家...等，再於虛擬鍵盤點一下 🔍 (或 **搜尋**) 開始搜尋。

02 清單中會顯示符合結果的資料，同名的可能性很高，可透過大頭貼初步辨識，或直接點選想要了解的粉絲專頁、社團項目進入瀏覽 (上下滑動畫面可瀏覽內容與貼文)。

3 按個 " 讚 " ，訂閱粉絲專頁

找到喜歡的粉絲專頁，瀏覽後覺得不錯就按個 "讚"，日後就能自動收到貼文訊息了。

確定要加入此粉絲專頁時，點一下粉絲專頁名稱右側的 🖒 ，會變成 👍 ，表示你已訂閱了這個粉絲專頁。

4 收回 " 讚 " ，退出粉絲專頁

當你不想再看到該粉絲專頁的相關消息，也可以直接收回 "讚" 退出喔！

切換到已按讚的粉絲專頁，點一下粉絲專頁名稱右側的 👍 ，再點一下 **收回讚** ，會變成 🖒 ，表示已取消訂閱，日後也不會收到貼文訊息了。

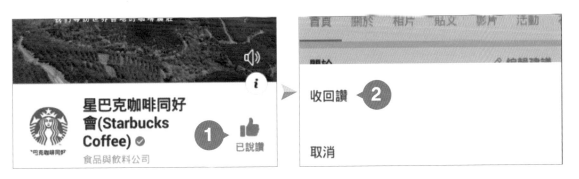

5 加入社團

找到喜歡的社團，瀏覽後覺得不錯就加入社團吧！(部分社團不會公開貼文資訊，必須獲得授權加入後才能看到。)

確定要加入此社團時，點一下社團名稱下方的 **加入社團** (部分社團加入時會要求回答幾個簡單的問題，以供管理員評估)，待社團管理人員准許加入時，你會於 🔔 收到一則已獲准加入的通知。

6 退出社團

當你不想再看到該社團的相關消息，可以於社團專頁點選退出社團。

切換到已加入的社團專頁，點一下 ⓘ ，點一下 **退出社團**，再點一下 **退出社團**，退出這個社團。

7 查詢加入的粉絲專頁或社團

Facebook 貼心的將你已按 "讚" 或加入的粉絲專頁、社團整理成清單，方便你輕鬆查找。(部份 iPhone 手機尚未支援此功能)

01 於 f 點一下 ☰，往上往下滑，點一下 🚩 **粉絲專頁**，於 **首頁** 畫面可以看到 **已按讚的粉絲專頁** 清單，即是目前已按讚的粉絲專頁。

02 於 f 點一下 ☰，往上往下滑，點一下 😊 **社團**，於 **社團** 畫面可以看到 **最近造訪過** 清單，即是目前已加入的社團。

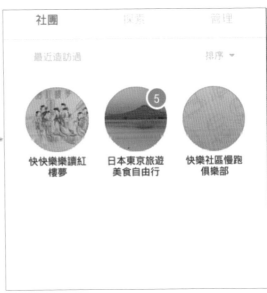

8 推薦好友優質粉絲專頁與社團

發現值得推薦的粉絲專頁或社團,只要按個鈕就能推薦給朋友。

01 開啟要推薦的粉絲專頁,點一下 ↗ ,點一下 **以訊息傳送** (或 **以 Messenger 傳送**),接著輸入文字訊息說明後,於要傳送的朋友右側點選 **發送**,朋友就會收到這則推薦訊息與專頁連結。

02 開啟要推薦的社團專頁,點一下 ⓘ ,點一下 **分享社團**,點一下 **Messenger** (或 **以訊息傳送**),接著輸入文字訊息說明後,於要傳送的朋友右側點選 **發送**,朋友就會收到這則推薦訊息與專頁連結。

9 查看附近景點、餐廳與活動

到了陌生地點後，人生地不熟怎麼辦？利用 Facebook 探索周邊功能，輕鬆解決吃喝玩樂的問題。

01 於 ∱ 點一下 ☰，往上滑，點一下 ⑨。(若是找不到 ⑨ 項目可點一下 **顯示更多**)

02 Facebook 自動偵測你的所在位置，然後從其他人推薦或曾打卡地標整理出 **吃吃喝喝**、**看看玩玩**、**活動**、**地標紀錄** 四個分類，讓你快速找到最合適的資訊。(點一下左上角 ← 或 ‹ 可返回前一畫面繼續瀏覽其他類別的資訊)

10 將貼文保存起來以後再看

旅遊、美食好文章或好笑影片...等貼文,想要稍後再瀏覽,可以將貼文收進各個主題分類夾中珍藏。

01 於 🅵 點一下 ☰ ,再點一下 🔖 ,首次使用請點一下 **建立珍藏分類** ,接著為分類夾命名,再點一下 **建立** 即完成第一個珍藏資料夾。

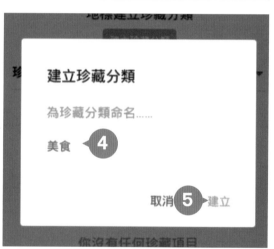

02 同樣於 **我的珍藏** 畫面 (若沒有回到此畫面可以點一下左上角 ← 前往上個畫面),第二次即可點一下 **+新的珍藏分類** ,同樣的為分類夾命名,再點一下 **建立** 即完成第二個分類建立。

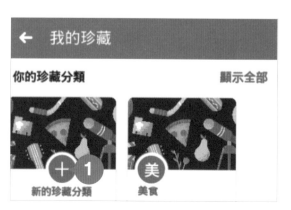

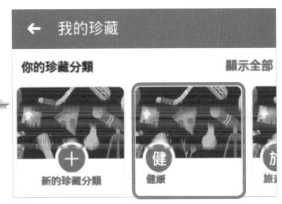

03 點一下左上角 ← 或 ⟨ 叮前往上個畫面，於 f 的 🖻 畫面先找到想珍藏的貼文，點一下貼文右上角 ⋯，點一下 **儲存貼文**，再點一下珍藏分類名稱即完成該貼文的保存。

11 瀏覽已保存的貼文

想要觀看之前保存的貼文、影片或連結時，只要切換到 **我的珍藏** 就可以檢視所有項目並可開啟瀏覽！

01 於 ☰ 畫面點一下 📑，就會出現之前建立的珍藏分類，點一下想要觀看的貼文珍藏分類。

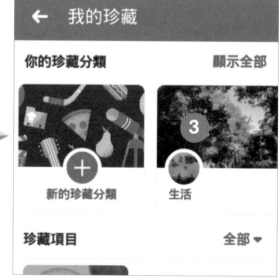

02 於珍藏分類畫面中可以看到之前儲存的貼文、連結或影片，點一下貼文縮圖即可開啟瀏覽。

12 送上生日祝福

Facebook 會自動提醒好友生日，即使無法見面也能透過貼文送上祝福。

01 📘 會在好友生日當天傳送通知訊息給你，點一下出現紅底白色數字的 🔔，於通知清單中可看到生日通知，點選你想送上祝福的名單。

02 在朋友名稱下方欄位點一下，輸入祝福文字，點一下 **發佈**，你的留言即會顯示在朋友的動態消息畫面上。(直接點一下朋友的大頭照，可於朋友個人畫面留言、貼照片影片。)

小提示

若在 🔔 沒有出現朋友生日通知，點一下 ☰，再點一下 📅，接著點一下上方 **行事曆** 即可查看近期生日的好友。

13 查看近期活動並參加

Facebook 可依日期、地點幫你找到各式各樣的活動內容,報名參加後還會於該日通知你記得去參加活動。

01 於 f 點一下 ☰,再點一下 ▦ 開啟活動專頁。

02 於 **探索** (或 **首頁**) 畫面可以看到 **周邊活動、為你推薦、朋友間的熱門活動、藝術活動、近期消息**...等類別,點一下有興趣的活動項目,可瀏覽詳細活動內容,若要參加可點一下 **參加**,也可點一下 **分享** 邀請朋友來參加。(點一下左上角 ← 或 ‹ 可前往上個畫面)

03 於 **探索** (或 **首頁**) 畫面 **你的活動** 中，會列出你標註 **有興趣** 與 **參加** 的活動，點一下 **行事曆**，會看到活動依日期排序；如果臨時無法出席某活動，可以點一下該項目名稱進入活動詳細頁面取消參加。

📅 **活動** 的 **探索** (或 **首頁**) 畫面可指定要查看 **今天、明天** 或 **這個週末** 的活動，點一下 **探索週邊** 還可以指定要探索的城市，指定或輸入城市名稱會自動回到前一個畫面。

14 舉辦活動、邀請朋友參加

若想舉辦同學會、聚餐、旅遊...等活動,都可以在 Facebook 建立活動項目邀請相關人員參加。

01 於 Ｆ 點一下 ☰,再點一下 ▦,**活動** 畫面中 **安卓** (Android) 行動裝置與 **蘋果** (iOS) 行動裝置的活動建立流程稍有不同,請參考以下步驟操作:

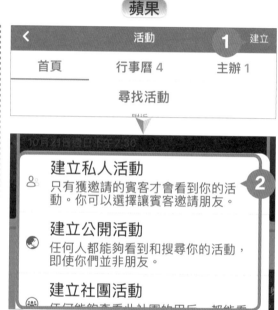

活動可指定為私人活動 (受邀者才能看到) 或公開活動 (Facebook 所有用戶都能看到),在此指定為 **私人活動**。

02 輸入活動名稱後,點一下上方 ▦ (或名稱右側 ▨),清單有 **選擇主題**、**上傳新相片** ...等項目,這裡點一下 **選擇主題**。

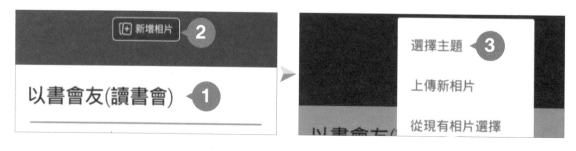

03 主題內有 **精選相片**、**派對**、**生日**、**飲食**、**家庭**、**旅遊** ...等，點一下合適的主題，再點一下喜歡的圖片。

04 設定日期、時間與地點，完成設定後點一下 **建立**。

05 建立後會自動開啟活動內容畫面，點一下 **邀請**，可從朋友清單中點選要邀請的朋友 (可多選) 後，最後點一下 ➤ (或右上角的 **邀請**)。

06 回到活動內容畫面，往下滑動可以看到 **已受邀** 的數字已有所更動，而受邀的朋友也會收到這項活動的邀請通知，待朋友選按 **參加**，就會出現在 **參加** 的名單中。

(點幾下 ← 或 ❮ 可返回 ☰ 畫面)

01 切換到已點讚的粉絲專頁畫面，點一下 ⋯ ，點一下 **追蹤中**，再點一下 **搶先看** 即完成設定，最後點一下 ← 或 ‹ 回到粉絲專頁畫面。

02 切換到朋友的個人畫面，點一下 ⊞ ，清單中點一下 **搶先看**，最後於清單外點一下回到個人畫面即完成設定。

如此一來，指定為 **搶先看** 的朋友、粉絲專頁一有新的貼文，會立即顯示在你的 目 動態消息畫面的第一則消息。

01 於 ⓕ 的 圖 畫面上方搜尋欄位點一下，輸入好友名稱，清單中會顯示相同名稱的名單，可依大頭貼圖像辨識，然後點選想要取消追蹤的朋友。

02 切換到朋友的個人畫面，點一下 ☑，清單中點一下 **取消追蹤**，最後於清單外點一下回到個人畫面即完成設定。

如此在你的 圖 動態消息畫面，即會停止顯示此好友的動態消息。

17 再次看到某位朋友的貼文

之前取消追蹤的朋友，也可以重新設定追蹤，就能再次看到他的動態消息了。

01 於 f 的 畫面上方搜尋欄位點一下，輸入好友名稱，清單中會顯示相同名稱的名單，可依大頭貼圖像辨識，然後點選想要恢復追蹤的朋友。

02 切換到朋友的個人畫面，點一下 ⊕，清單中點一下 **預設**，最後於清單外點一下回到個人畫面即完成設定。

 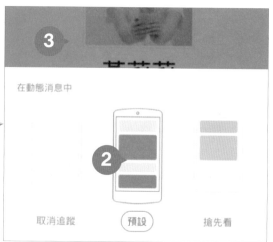

如此即完成重新追蹤此好友，待其有新的貼文，會再次顯示在你的 動態消息畫面。

7 朋友名單
的分類管理與關係設定

Facebook 的朋友名單越來越多，有同學、麻吉、家人、同事...等，將朋友進行分類管理，讓找朋友、掌握朋友動態消息變得更加簡單方便。

加入好友

1 看看誰是我的朋友

Facebook 朋友上限數量為 5000，人一多就不容易查找，進入朋友名單畫面就能看到所有朋友列表。

01 於 f 畫面點一下 ☰。

安卓

蘋果

02 點一下個人名稱，於 f 個人畫面點一下 **朋友** 進入朋友名單畫面：
全部 清單中會列出你目前加入的所有朋友。
最新 清單中會列出你最近新增的朋友。
新貼文 清單中會最出有新貼文的朋友。

名單就像資料夾一樣，能協助你管理  上的朋友，方便關注特定名單中朋友們的動態消息。

可以將朋友分成：**摯友**、**點頭之交**、**受限制的對象**，還有依據你的基本資料所產生的其他名單，以下便針對這幾個內建名單簡單說明。(名單分類管理的相關操作可參考下一頁說明)

- **摯友**：比較常聯絡或親近的朋友加入此名單，一方面可以在動態消息中看到他們目前的現況，也可以在他們貼文時，收到第一手的通知。

- **點頭之交**：如果是不常往來的朋友，可以將他們歸入此類名單，如此在你的動態消息中這些人的貼文就會比較少出現。

- **受限制的對象**：你所加入的朋友，有些貼文不想跟他們分享，例如：公司同事或老闆...等，將他們歸入此類名單，如此他們只會看見你公開的貼文或標註了他們的貼文。

3 將好朋友加入 " 摯友 " 名單

常常聯繫的麻吉好友,可以將他們加入 **摯友** 名單,一旦摯友分享新貼文,你會立即收到通知。

01 於 🇫 個人畫面,點一下 **朋友** 進入朋友名單畫面,點選要加入 **摯友** 名單的朋友。

02 於朋友個人畫面,點一下 👤,清單中再點一下 **編輯朋友名單** 切換到該畫面。

03 於編輯名單畫面點一下 **摯友**，呈 ☑ 狀表示這位朋友已整合到該名單中。

04 完成設定後，**安卓** (Android) 行動裝置可點幾下裝置上 ⬅，而 **蘋果** (iOS) 行動裝置可點一下右上角 **完成**，再點一下 🖼 回到動態消息畫面。

05 將朋友新增到 **摯友** 名單後，只要摯友分享了新貼文，在 **f** 畫面 🔔 會出現數字通知，點一下 🔔，清單中會看到摯友貼文的通知，點一下該通知即可瀏覽。

4 不常往來的朋友加入 " 點頭之交 " 名單

較少往來的朋友，可以加入 **點頭之交** 名單，如此他們的貼文會比較少出現在動態消息中。

01 於 ⓕ 個人畫面，點一下 **朋友** 進入朋友名單畫面，點選要加入 **點頭之交** 名單的朋友，於該名朋友個人畫面點一下 👤。

02 清單中點一下 **編輯朋友名單**，再點一下 **點頭之交**，呈 ✓ 狀表示這位朋友已整合到該名單中。

完成設定後，安卓 (Android) 行動裝置可點幾下裝置上 ⬅，而 蘋果 (iOS) 行動裝置可點一下右上角 **完成**，再點一下 🖼 回到動態消息畫面。

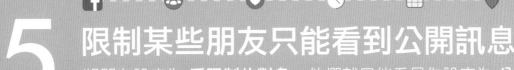

01 於 🅵 個人畫面，點一下 **朋友** 進入朋友名單畫面，點選要加入限制名單的朋友，於該名朋友個人畫面點一下 👤。

02 清單中點一下 **編輯朋友名單**，再點一下 **受限制的對象**，呈 ☑ 狀表示這個人已整合到該名單中。

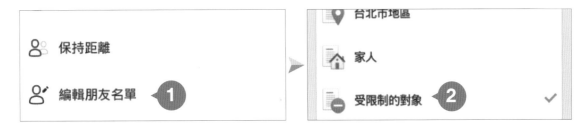

小提示

於 🅵 建立貼文畫面，所輸入的消息預設為 **公開**，任何人都可以瀏覽，當然你也可以依需求限制分享對象。

6 查看與朋友間的互動紀錄

透過 **查看友誼紀錄**，可觀看你和朋友曾發佈在彼此動態消息上的貼文、一起出席的活動、或者被標註在內的相片...等內容。

01 於 **f** 朋友的個人畫面，點一下 ⋯，清單中再點一下 **查看友誼紀錄**。

02 於開啟的畫面，會顯示你與朋友的大頭貼照片，下方即是你和朋友曾發佈動態消息上的貼文、說讚的內容或一起出席的活動...等內容。

瀏覽後，**安卓** (Android) 行動裝置可點幾下裝置上 🔙，**蘋果** (iOS) 行動裝置可點一下 🗐 回到動態消息畫面。

黃莉莉和李曉聿

👥 3 位共同朋友，包括鄧君怡和鄧君如
👤 自 10 月以來的朋友

▣ 相片

7 解除朋友關係

當交情轉淡甚至交惡時，也可以在 Facebook 解除彼此的 "朋友" 關係。

01 於 📘 朋友的個人畫面，點一下 👤，清單中點一下 **解除朋友關係**。

02 於確認移除的訊息中點一下 **確認** (或 **確定**)，畫面中原來的 👤 即變為 👤，這樣就解除了與該位朋友的朋友關係 (不會再看到彼此的動態消息)。

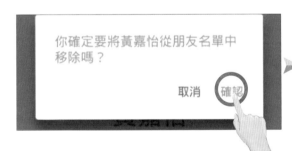 

小提示

如果你跟某位朋友 "解除朋友關係"，你也會從該位朋友的朋友名單中移除。假設想再次和對方成為朋友，則需要傳送新的交友邀請，才能恢復朋友關係。

01 於 **f** 朋友的個人畫面，點一下 ⋯ ，清單中再點一下 **封鎖**。

02 封鎖訊息中說明了封鎖後可能的影響，點一下 **封鎖**。如此一來你與此人不再是朋友，且無法查看你的動態消息、標註你、邀請你參加活動或社團，以及在 Facebook 搜尋你或加你為朋友，而被你封鎖的人不會接獲任何被封鎖通知。

確定要封鎖黃嘉怡？

黃嘉怡將無法再：

查看你在動態時報上張貼的內容

標註你

邀請你參加活動或社團

開始和你對話

加你為朋友

如果你們是朋友，封鎖黃嘉怡也會造成你們之間的朋友關係被解除。

如果你只是想要限制與嘉怡分享的內容或減少在 Facebook 上看到她的相關內容，可以改為與她保持距離。

取消　封鎖

9 解除對朋友的封鎖

曾經封鎖的朋友，也可以恢復關係，只要解除封鎖後再傳送新的交友邀請給對方，就能和該位朋友再度成為朋友。

01 於 f 畫面點一下 ☰ 切換到該畫面。

 安卓

 蘋果

02 滑動畫面，點一下最下方 **設定和隱私**，再點一下 **設定**。

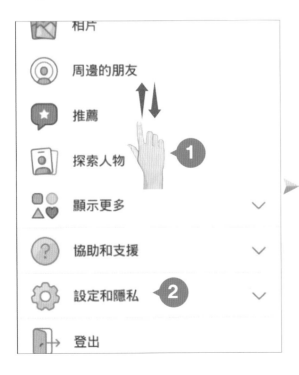

03 進入設定畫面後，點一下 **封鎖**，在 **封鎖名單** 項目中朋友名稱旁點一下 **解除封鎖**。

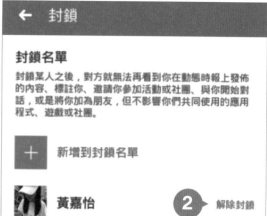

04 於解除封鎖畫面中點一下 **解除封鎖**，在 **封鎖名單** 項目中就看不到該名朋友的名稱，透過 ← 或 ‹ 返回 ☰ 畫面。

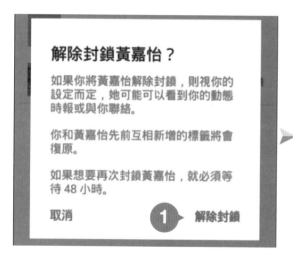
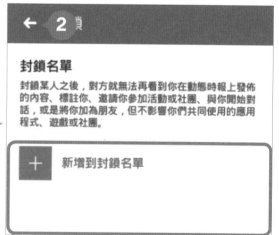

05 解除朋友封鎖後，進入朋友的個人畫面，重新點一下 8⁺，待朋友確認後，即可再次成為朋友。

8 個人資訊安全

大家都愛用臉書，然而該如何做好資訊安全，降低帳號
被盜用的風險、杜絕詐騙社團邀請...等，相信只要看完
此章，不用花太多時間，就能保護你的臉書帳號避免個
資外洩。

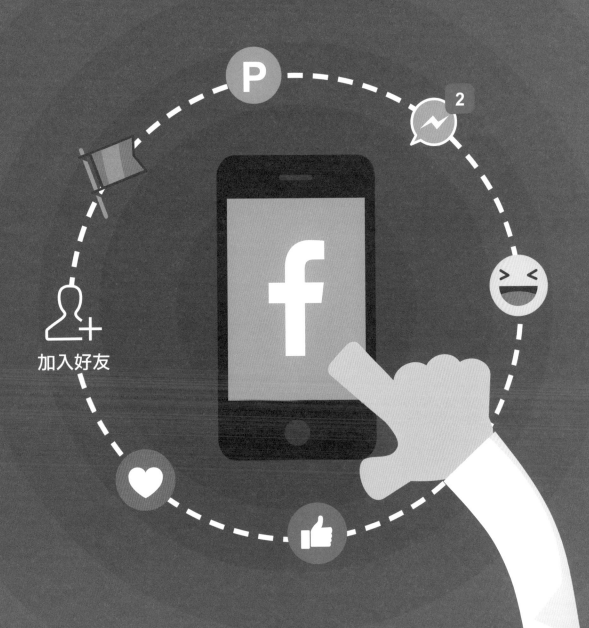

1 保障個人帳號安全

想要保障個人帳號的資訊安全,在瀏覽訊息時需三思而後行,才不會讓有心人士輕易竊取你的個資進行不法的行為。

不輕易點選可疑的網頁連結

朋友透過 Messenger 聊天室與你分享可疑的網址連結、影片連結或訊息,若朋友沒說明或沒有經過確認,千萬不要點選,否則你的帳號很有可能會被惡意病毒程式入侵,然後獲取你個人的帳號資料,再針對你的朋友進行詐騙或傳送廣告訊息。

▲ 勿隨意選按可疑的連結

不與任何人分享個人登入資料

有心人士常會冒用朋友身份,詢問你的個人資料,這時請勿回覆或進行對方的任何要求。(官方絕不會在電子郵件或訊息中詢問你的帳號、密碼)

使用安全度高的密碼

設定 帳戶密碼時,建議八碼以上,並盡量使用數字、字母與標點符號的複雜組合,也可以嘗試混用大小寫字母,才能提高你 帳號的使用安全。

凡事都要先確認

面對突然與你連繫或裝熟的朋友提出的需求:幫忙撥打或接聽電話、幫忙領點數、代領包裹、提供手機號碼與電信商、提供認證簡訊碼、購買遊戲儲值卡...等,不要輕易答應幫忙。如遇疑似詐騙找上門時,也可以撥打警方防詐騙專線 "165" 求證。

2 限制朋友無法在你個人畫面貼文

若不希望朋友隨意的在你的動態消息上貼文，可以透過設定限制貼文。

01 於 ⓕ 畫面點一下 ☰，滑動畫面再點一下最下方 **設定和隱私**，再點一下 **設定**。

02 點一下 **動態時報與標籤**，再點一下 **誰可以在你的動態消息上發佈貼文**，最後點一下 **只限本人**，這樣朋友就無法在你的個人畫面貼文，但他們仍可以在你的貼文中留言。

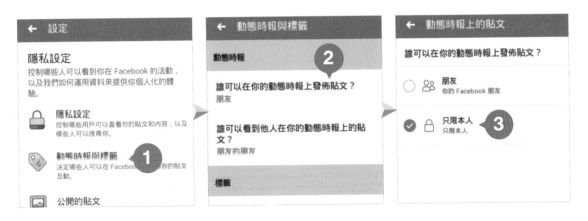

03 完成設定後，**安卓** (Android) 行動裝置可點幾下裝置上 ⬅，而 **蘋果** (iOS) 行動裝置可點一下 ▤，可回到動態消息畫面。

3 審查朋友標註你的貼文

被標註在朋友的貼文或相片讓你感到困擾嗎？透過標籤審查功能，可以限制朋友對你的標註。

開啟動態消息審查

01 於 **f** 畫面點一下 ☰，滑動畫面再點一下最下方 **設定和隱私**，再點一下 **設定**。

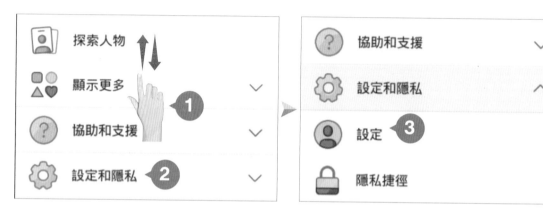

02 點一下 **動態時報與標籤**，再點一下畫面下方 **要審查你被標註在內的貼文，決定是否讓其顯示在你的動態時報嗎？**。

03 將 **動態時報審查** 項目設定為 ●狀，審查功能開啟後，每當朋友在貼文中標註你的名字時，不會立即將貼文貼到你的動態消息上，而是會先收到審查通知。

標註通知與審查處理

01 當有朋友於貼文中標註你時，於 🔔 會通知有一則貼文將你標註在內，在清單中選按該則通知訊息，可前往相關畫面。

02 進入 **動態時報審查** 畫面，會看到將你標註在內的貼文，若覺得此貼文可以分享在自己的動態消息中，點一下 **加到動態時報**，若不想被標註且不想分享到動態消息中就點一下 **隱藏**。(此處點一下隱藏)

03 當對某一則審查貼文按 **隱藏** 時，這篇貼文會從你的動態消息中隱藏，不過你的名字依然被標註在這個貼文中，如果不想被標註名字，點一下 **移除標籤**，再點一下 **移除標籤**。

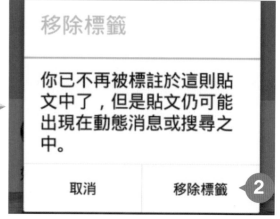

04 接著點一下 **你為什麼不想看到這個？**，再點選合適的答案，協助 :f: 了解問題。這樣該篇貼文就不會出現在你的動態消息，並且也移除標註了你名字的標籤。

05 完成設定後，**安卓** (Android) 行動裝置可點幾下裝置上 :back: ，而 **蘋果** (iOS) 行動裝置可點一下 :menu:，可回到動態消息畫面。

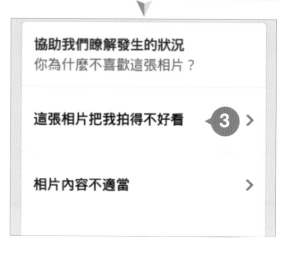

4 防範假社團、假朋友進行詐騙

為了防止個人資料被盜用，在加入社團前多一些確認，才能為你的帳號多一層保護。

詐騙集團會透過盜用的 f 帳號將其名單下的朋友全部加入購物社團，這種方式不但降低大家對這個社團的疑慮 (因為是朋友邀請的)，其中還提供各種穿搭用品或者熱門周邊商品，讓人以為是個撿便宜的地方，一旦下單購買，他們就能輕而易舉的取得你的姓名、手機號碼和地址...等個人資訊，加入任何社團前請三思！

01 若是朋友把你新增到購物社團中，於 f 的 🔔 會出現通知訊息，點一下 🔔，在清單中點一下通知項目。

02 當進入該社團後，建議你先瀏覽該社團貼文或與成員互動的內容是否有異樣，確認是否為詐騙社團。如果是有問題的社團，建議進行檢舉，於社團主畫面點一下 🛈，再點一下 **檢舉社團**。

f
8
個人資訊安全

03 點選合適的檢舉原因，再點一下 **傳送** 協助 了解問題。

04 最後點一下 **退出此社團**，再點一下 **完成**，這樣一來就會退出此社團且不會再收到該社團的任何通知。

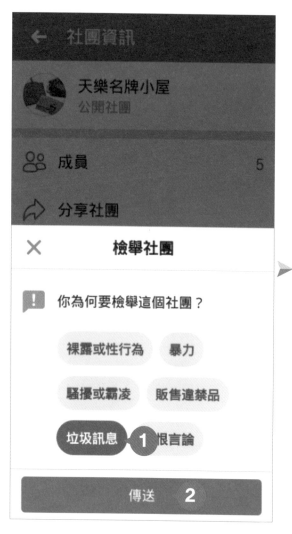

05 完成設定後，**安卓** (Android) 行動裝置可點幾下裝置上 ，而 **蘋果** (iOS) 行動裝置可點一下 ，可回到動態消息畫面。

9 LINE 新手入門

Line 是最多人使用的手機通訊應用程式，讓你隨時隨地
享受免費傳送簡訊、撥打免費網路電話...等溝通樂趣！

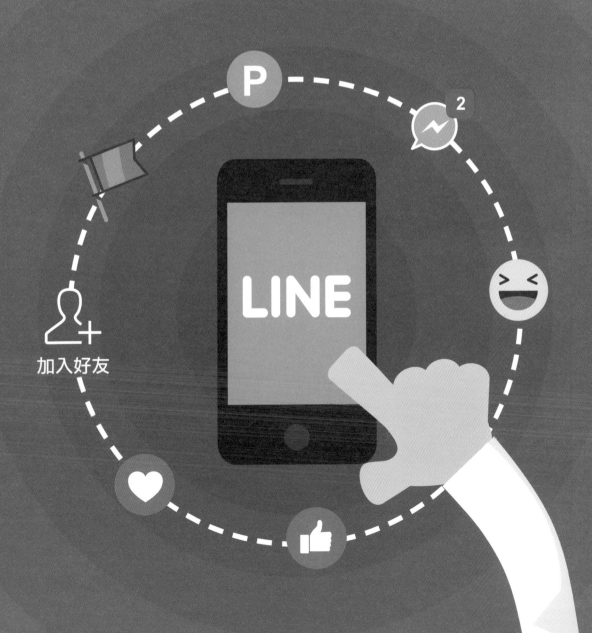

1

歡迎加入 LINE 即時通訊

LINE 的功能有點類似手機簡訊，只要有朋友的帳號或電話號碼就能即時通話與傳送訊息。

LINE 是目前十分受到歡迎的即時通訊軟體之一，為什麼大家都在用 LINE，最主要有以下幾項原因：

簡單好上手又可免費取得

不論於手機、平板或電腦裝置上，LINE 都可免費取得，只要有電話號碼，就可簡單註冊使用。LINE 的畫面設計簡單易懂，操作也不困難。

隨時以文字、圖片訊息或免費貼圖聯繫朋友

加入 LINE 後，有好幾種方法可以找到好友並加入聯絡清單，接下來即可隨時透過文字、語音訊息與照片影片分享生活瑣事、旅遊回憶，大家最愛用的當然是可愛多變的貼圖了。

大家一起在聊天室交流

LINE 群組聊天室可讓人夥兒一起談天說地，不論是家人、同學、朋友或是旅行團，只要通通拉進聊天室，就可以有效率的討論事情。

免費通話與視訊聊天

如果覺得打字太慢了，不論是國外或國內的朋友，都可以免費通話，也可以透過視訊方式面對面的進行聊天。

追蹤有興趣的商家或名人最新消息

不論是明星動態、商家即時折扣...等，在 LINE 中可藉著追蹤帳號隨時看到最新的消息。

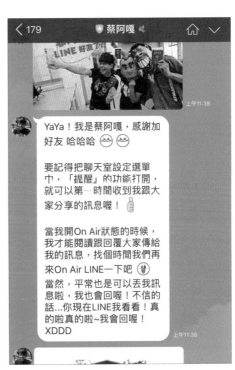

2 免費註冊 LINE 帳號

在開始與朋友 LINE 之前，要先註冊自己的帳號，只要有一組電話號碼就可以開始註冊了！

開啟應用程式

安卓 (Android) 與 **蘋果** (iOS) 行動裝置，在 LINE 畫面上的操作差異並不大，在此書後續內容將以 **安卓** (Android) 手機畫面為主，說明行動裝置上使用 LINE 的方式。

LINE 安裝完成後，於主畫面點一下 **LINE**，開啟進入。(若未安裝應用程式，請參考 **附錄 A** 的操作說明)

免費註冊

01 先確認行動裝置是否已連上網路，由於是第一次進入，於登入畫面中點一下 **註冊新帳號** 開始註冊，接著確認國家並輸入電話號碼後點一下 **下一步** (或 **認證電話號碼**)。

02 點一下 **確定**，就會發送認證碼簡訊至你剛才輸入的電話號碼。靜候數秒手機會收到認證碼的簡訊，開啟簡訊記下認證碼後回到 LINE 輸入到如右下圖的欄位，再點一下 **下一步**。

03 輸入你欲使用的名稱後，點一下 **註冊**（ **蘋果** (iOS) 行動裝置要再點一下 **好** 允許取用聯絡資訊)。

04 閱讀隱私權條款內容後，點選 **同意上述事項**。

> LINE為了避免本公司服務遭不當使用，提供、開發及完善本公司服務，以及傳送廣告等目的，使用下列資訊（下合稱「優化服務資訊」）。 但請注意，這些資訊不包括LINE好友間以文字、影像、影片等形式傳送的簡訊內容或通話內容。
> 以下優化服務資訊可能分享給提供LINE相關
>
> ✓ 本人同意LINE得為了行銷目的使用及分享本人資訊。
>
> ✓ 本人同意分享優化服務資訊以協助完善服務。（任選）
>
> **同意上述事項**

05 電子郵件信箱的部分可以等到之後需要時再設定，點一下 **暫不設定** (或點一下 **稍後設定**)。

> 請輸入電子郵件帳號
>
> 密碼（6～20字）
>
> 請再輸入一次，以便...
>
> 若您更換手機或電話號碼，好友名單、群組、個人檔案等資訊均會被保留。
> 此外，您還可以安裝電腦版來使用LINE！
>
> **立即設定**
>
> **暫不設定**

06 這樣就完成所有驗證與註冊流程，進入 LINE 的主畫面。(**蘋果** (iOS) 行動裝置要再點一下 **好** 允許傳送通知。)

3 新增個人大頭貼照

換上一張美麗或帥氣的大頭貼照片，讓朋友看到大頭貼照片就可以輕鬆認出你！

01 於 🟢 LINE 畫面點一下 👤，再點一下 ⚙。

安卓

蘋果

02 點選 **個人檔案**，畫面中點一下 ⚪，點選 **選擇照片或影片** (蘋果 (iOS) 行動裝置要再點二次 **好**，分別允許取用相片及相機)。

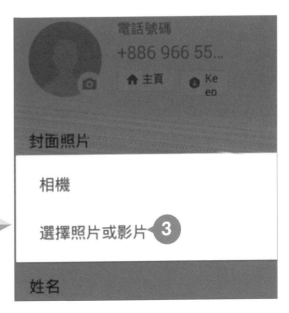

03 點選要使用的大頭貼照片，於編輯範圍內按住照片移動位置 (若四個角落出現 「，按住任一個 「 滑動可縮放照片，若無 「，請試著以姆指與食指分開、靠攏的方式縮放照片)，完成範圍指定後點一下 **下一步**。

04 接著點選 ⬤，並左右滑動點選要套用的濾鏡效果，再點一下 **完成**，這樣就完成大頭貼照片的新增。

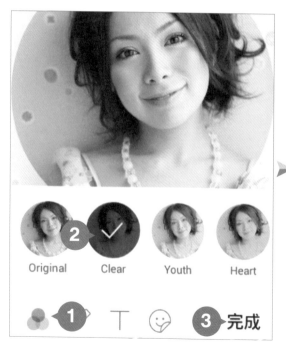

10 親朋好友
統統加進來

Line 提供了多種不同的方法可以將對方加為好友，讓你開始與朋友一起聊天，還可以加入官方帳號取得最新優惠消息！

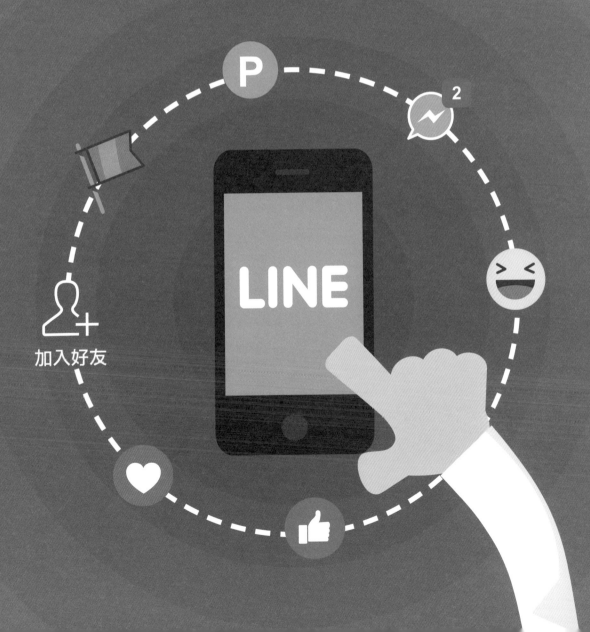

1 透過手機號碼直接加好友

雙方已經加入 LINE 了，要怎麼彼此加為好友呢？直接在 LINE 中輸入對方手機號碼將他加為好友是最快速的方式。

以手機號碼 (用來註冊 的手機號碼) 將對方加為好友前，先確認 中的 **允許被加入好友** 功能是否開啟，不然後續動作就無法成功！

01 首先於 畫面點一下 ，再點一下 。

安卓

蘋果

02 點一下 **好友**，要使用這個方法來加好友，雙方都要開啟 **允許被加入好友**，呈勾選或 (若為未勾選或是 ◯ 請點一下開啟)

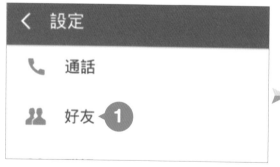

03 接著 **安卓** (Android) 行動裝置點二下裝置上 ，**蘋果** (iOS) 行動裝置點一下右上角 ，回到 畫面。

04 於 畫面點一下 👤，再點一下 👤+。

安卓

蘋果

05 先點一下 🔍，接著點一下 **電話號碼** 及國家，於搜尋欄位中輸入朋友的電話號碼，再點一下 🔍。

06 於搜尋結果中的名單下方點一下 **加入**，待下方出現 **聊天** 表示加入成功。(點一下 **聊天** 即可與好友聊天)

小提示

讓朋友以電話號碼加入你的好友列表後，如果不想讓陌生人隨便用電話號碼加你為好友，可以在 **好友** 設定中，取消勾選 **允許被加入好友**，這樣就不會被隨意亂加為好友。

2 將好友加入我的最愛

在好友列表中有一長串好友名單，只要把常用的好友加到我的最愛裡，日後要發送訊息就更方便了。

01 於 📱 畫面點一下 👤，再於好友列表中點一下要列為 **我的最愛** 的好友，點一下 ☆，呈 ⭐ 狀。

02 接著 安卓 (Android) 行動裝置點一下裝置上的 ↩，蘋果 (iOS) 行動裝置點一下左上角 ✖，回到 **好友** 畫面中就可以看到該好友已加到 **我的最愛**。

如果要加入其他好友到 **我的最愛** 清單，只要重複一樣的步驟就可以了。(**我的最愛** 可以加入個人，也可以是群組或官方帳號。)

3 分享好友聯絡資訊

對於不大熟悉的人，可以透過共同朋友的介紹，加彼此為好友。

傳送好友 "熊大" 的資料給好友 "Lily"

01 於 🔲 畫面進入與好友 "Lily" 的聊天室後，點一下 ➕，再點選 👤。

02 點選 **選擇LINE好友**，然後於搜尋列中輸入好友 "熊大" 的名稱，搜尋結果清單中點一下好友 "熊大"，再點一下 **選擇** (蘋果 (iOS) 行動裝置點一下右上角 **確定**)，就可將該好友 "熊大" 的資料傳送給好友 "Lily"。

收到好友資料，加入好友

好友 "Lily" 收到傳來的訊息並進到聊天室後，即可看到好友資料，點一下資料，再點一下 **加入**，這樣就可以把 "熊大" 加入好友列表。

小提示

如果想要推薦官方帳號給好友，只要於 [LINE] 畫面點一下 [👤]，再點一下 [⭐]，接著點一下想要分享的官方帳號，於畫面點一下 [🔰] 推薦，清單中再點選要分享的好友或群組名稱後，最後點一下 **確定** (或 **傳送**)。

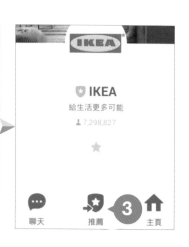

4 掃描行動條碼直接加好友

如果朋友就在身邊，可以直接掃一下朋友手機中代表個人 LINE 帳號的行動條碼將其加為好友。

01 於 畫面點一下 ，再點一下 。

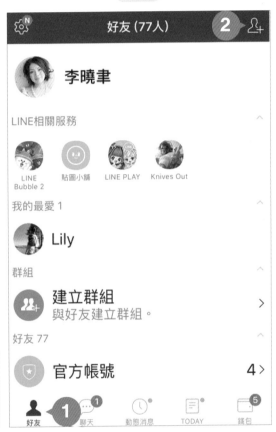

小提示

在使用加好友的功能時，不論用哪一種方式，都要在網路已連線的情況下才能操作。

02 點一下 **行動條碼**，接著請朋友參照 P10-9 的操作說明顯示行動條碼，然後透過手機後方鏡頭對準朋友的行動條碼，讓行動條碼出現在綠色框線內。

03 條碼辨識完成後，畫面點一下 **加入** 可以將朋友加入。回到 👤 畫面，在列表中就能看到剛剛加入的朋友了。

5 秀出我的行動條碼

行動條碼是 LINE 的個人專屬 QRCode，只要顯示自己的行動條碼，朋友就可以掃描自接加為好友。

01 於 🔲 畫面點一下 👤，再點一下 👤+。

安卓

蘋果

02 於 **加入好友** 畫面點一下 **行動條碼**，在掃描畫面中點一下 **顯示行動條碼**，就會出現自己的行動條碼，以方便他人掃描將你加入好友。

6 利用專屬 ID 加入好友

在不知道電話號碼，彼此也不在附近的狀態下，可以透過個人 ID 加入好友。

01 於 LINE 畫面點一下 ，再點一下 。

安卓

蘋果

02 先點一下 **Q**，再點一下 **ID**，搜尋欄位中輸入朋友的 ID 名稱，接著點一下 Q。

03 於搜尋結果點一下 **加入**，待出現 **聊天** 就表示成功加入朋友了。(如果好友尚未設定 ID 名稱，可參考下一頁的操作說明。)

7 自訂與查詢個人的 ID

每一個 LINE 使用者都可以自己指定一個專屬自己的 ID 名稱，
ID 一開始未指定時是空白的，可以自行設定。

查詢個人的 ID

ID 設定了嗎？於 畫面點一下 ，接著點一下 ，再點一下 **個人檔案**，畫面下方就可以看到 ID 名稱。

安卓

蘋果

自訂個人的 ID

若還沒有設定個人 ID，可依以下說明設定：

01 於 畫面點一下 ，接著點一下 ，再點一下 **個人檔案**。

安卓

蘋果

02 於 **個人檔案** 畫面下方會看到 **ID** 項目，如果之前已設定過，在此會顯示你專屬的 ID 名稱，若空白請點一下 **ID**。

03 在畫面輸入要使用的 ID 名稱 (一經設定就無法變更；需由 "數字" 與 "英文小寫" 組成，不能使用空格。)，輸入完成後點一下 **確認**，系統會檢視是否有他人使用同一名稱 ID，若無人使用，畫面就會顯示 **本ID名稱可供您使用**，接著點一下 **儲存**。

在畫面中可以看到 ID 項目下方已經出現剛才設定的名稱，檢查 **允許利用 ID 加入好友** 項目為勾選或 ⬤ 開啟的狀態，他人才能透過 ID 加你為好友。

8 手機通訊錄自動加入 LINE 好友

將手機通訊錄裡有使用 LINE 的聯絡人, "一次" 全部加為你的
LINE 好友。

自動加入電話通訊錄中的聯絡人名單

接下來要介紹的方式,可 "一次" 將你電話通訊錄的聯絡人全加為好友,若
通訊錄內有許多商行、業務或你不想加入 的名單,那就不建議你使用此
方式來加好友。

01 於 畫面點一下 ,再點一下 。

安卓	蘋果

02 於 **自動加入好友** 右側點一下 **允許**,如果是第一次開啟,於訊息中
點一下 **確定** 就會自動搜尋並加入通訊錄中也有使用 的名單。

在您裝置的通訊錄中有使
用LINE的人將自動加入好友名
單。
所有資料將加密並妥善保存
在LINE的伺服器上。請放心,此
資料將僅用於搜尋您的好友及防
止不當的使用行為。

取消　　　　　　　確定 ②

如果之後通訊錄中有加入新的名單，可以手動點一下 **自動加入好友** 右側的 ，就會再次掃描並加入好友了。

收到加入好友通知，同意朋友加入好友列表

如果朋友是透過電話號碼 **自動加入好友** 的方式加入你，有時等待許久還是沒有成功，那你可以用下面方法檢查看看：

01 於 [LINE] 畫面點一下 [👤] **好友**，再點一下 [👤]。

02 於 **加入好友** 畫面下方的 **您可能認識的人？** 項目中可以看到已透過電話號碼將你設為好友的對象，只要點一下對方名稱右側的 [👤+]，就可以將其加入好友列表了。

11 隨時聊天即時分享

在 Line 中與好友聊天除了以文字傳遞訊息，還可即時分享與轉發圖文，也可以直接傳送語音或是打電話，讓溝通方式更多元。另外還可以將重要訊息儲存起來，下次需要時即可不必花時間從頭翻找！

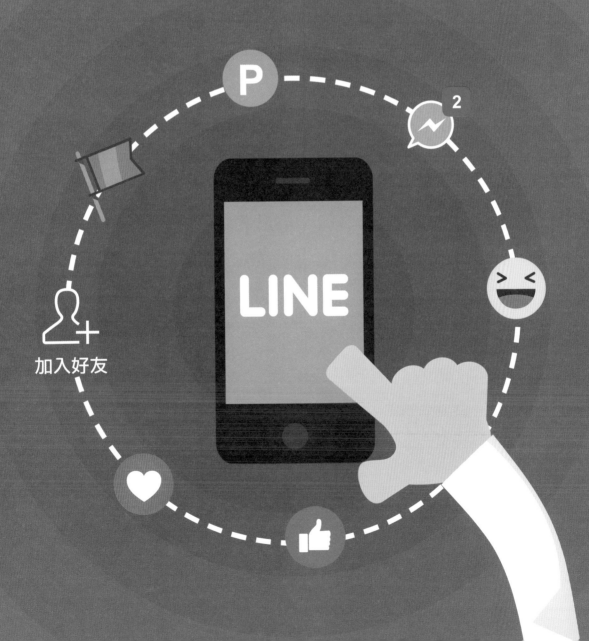

1 快速找到好友

想在好友列表中快速找到要連絡的好友，常常需要上下滑動找很久，其實只要輸入名稱搜尋就能馬上找到。

01 於 🟢 畫面點一下 👤，再點一下 🔍 (**蘋果** (iOS) 行動裝置於 🟢 畫面以手指由上往下滑動到最上方)。

安卓

蘋果

02 於最上方的搜尋欄位中輸入好友名稱，搜尋結果會直接出現於下方的清單中，再點一下好友名稱就可以開啟聊天室聊天或免費通話、視訊通話。

小提示

如果好友的 LINE 帳號名稱是用英文名稱或暱稱，可以將其改為自己熟悉的名稱，會比較容易尋找。於 👤 畫面中點一下欲更改的好友名稱，於好友首頁畫面中點一下名稱右側 ✏️，再輸入要修改的名稱。

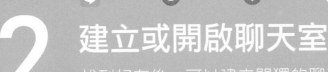

2 建立或開啟聊天室

找到好友後，可以建立單獨的聊天室，與好友一對一溝通與傳送圖文。

建立與好友的聊天室

01 於 🔵 畫面點一下 👤，接著於好友列表中點一下要傳遞訊息的好友名稱。(或參考上頁說明找到好友)

安卓

蘋果

02 於好友首頁畫面點一下 💬，就會開啟與這個好友的聊天室畫面，開始聊天。

開啟之前建立的聊天室

如果之前已經與好友聊過天，可以直接於 🔵 畫面點一下 💬，再點一下要開啟的聊天室名稱就可以繼續之前的對話了。

安卓

蘋果

3 傳送文字訊息與公仔貼圖

在 LINE 訊息中不但可以傳送文字，還可以使用多種不同的貼圖來傳達最貼切的情緒給好友。

傳送文字訊息

進入與好友的聊天室畫面後，點一下輸入欄位，輸入訊息文字後點一下 ▶ ，就可傳送一則文字訊息給好友了。

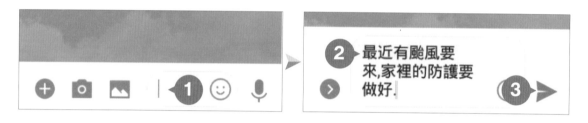

傳送可愛貼圖

01 進入與好友的聊天室畫面後，點一下 ☺ ，清單中再點一下 🐻 (一開始預設有三種貼圖主題，可自行下載其他貼圖。)，於新增預覽貼圖的功能畫面點一下 **確定**，最後點一下 **下載**，待下載完成後就可以看到該主題的所有貼圖，接著點選欲傳送的貼圖。

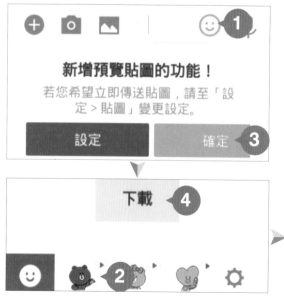

02 剛才點選的貼圖會出現預覽的大圖，確認是否為要發送的貼圖後，點一下這個大圖就會傳送給好友了。

安卓

蘋果

下載其他內建的貼圖

01 一開始於 (LINE) 聊天時，預設只有三款貼圖，當你點一下 ☺ 後，再點一下 **貼圖** 標籤中的其他內建貼圖主題時，即會出現下載的訊息，也可以一次下載所有內建的貼圖。

02 於貼圖標籤往左滑動，點一下 ⚙，再點一下 **下載全部**（ 蘋果 (iOS) 行動裝置要再點一下 **確定**），就可以將目前能使用的貼圖下載回來。

完成設定之後，**安卓** (Android) 行動裝置可點幾下設備上 🔙，**蘋果** (iOS) 行動裝置點一下左上角 ✕，就可回到聊天室。

4 下載更多免費的貼圖

LINE 有許多好玩的貼圖，下載後就可以取得這些額外的免費貼圖，讓聊天過程中有更多有趣的選擇。

01 於 🔵 畫面點一下 ▣，再點選 ☺。

02 點選 **活動**，這個類別中均是與官方活動搭配的免費貼圖，點一下想下載的免費貼圖，接著依據貼圖說明完成活動任務。在這個範例中需在好友列表加入此商店的官方帳號，所以點一下 **加入好友**。

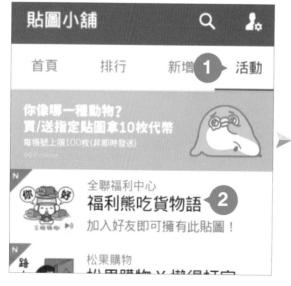

03 於畫面點選 ，再點一下 **下載**，接著點一下 **確定**，就可以下載這個活動提供的免費貼圖。

04 下載完成後，安卓 (Android) 行動裝置可點幾下裝置上 ⬅️，蘋果 (iOS) 行動裝置點一下 ◀ 及 ✕，就可回到 ▢ 畫面。

05 找到要聊天的好友後開啟聊天室，點一下 ☺，就可以看到剛才下載的貼圖了。

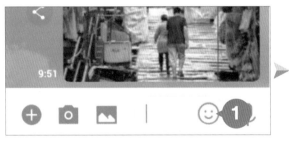

小 提 示

在貼圖小舖中還有很多不同的貼圖可以下載，當你點選貼圖開啟畫面後，只要上方有 **購買** 或是 Ⓛ 金額，就表示需要付費購買。(收費方式可能是與電信公司搭配，也可使用 Line Point 購買。)

5 刪除或重新下載貼圖

下載了太多的貼圖反而讓常用的貼圖不好找，可以調整貼圖順序或刪除不需要或過期的貼圖。

刪除用不到的貼圖

01 於 畫面點一下 ▤，再點選 ☺。

安卓

蘋果

02 點選 👤⚙ (**蘋果** (iOS) 行動裝置位於畫面左上角)，接著點選 **變更順序／刪除貼圖**。

03 於要刪除貼圖該列點一下 **刪除**，再點選 **刪除**，就可以刪除貼圖。(**蘋果** (iOS) 行動裝置點一下 ⊖，接著點二次 **刪除**。)(透過 ❮ 或裝置上 ⤴ 可回到 **貼圖** 畫面)

重新下載刪除的貼圖

01 如果不小心誤刪貼圖，只要是在使用期限內或是已付費購買就能重新下載。於 🔵 畫面點一下 👤，接著點選 ⚙ 及 **貼圖**，再點一下 **我的貼圖**。

02 清單中有 ⬇ 即代表被刪除的貼圖，於要重新下載的貼圖右側點一下 ⬇ (**蘋果** (iOS) 行動裝置則是點一下 ⬇，再點一下 **確定**)，這樣就可以再次使用該貼圖了。(透過 ❮ 或裝置上 ⤴ 可回到 **設定** 畫面)

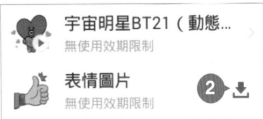

6 傳送照片

用講的很難形容剛剛所看到的影像嗎？或拍到的好照片想要跟好友分享？馬上傳照片給好友吧！

01 進入與好友的聊天室畫面後，點選 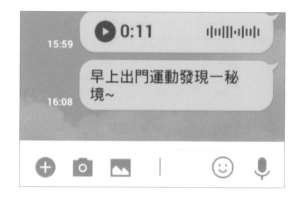。

02 點一下想要傳送的照片右上角 ⬤ 呈 ① 狀 (可選多張照片，選取的照片右上角會依傳送的順序編號)，再點一下 **傳送** 就可以分享給好友了。

7 傳送影片

想與好友分享影片，也可以透過 LINE 傳送到聊天室快速分享。

01 進入與好友的聊天室畫面後，點選 🖼。

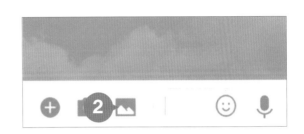

02 點一下想要傳送的影片右上角 ◯ 呈 ① 狀 (縮圖左下角有 ▶ 即為影片檔，可選多部，選取的影片右上角會依傳送的順序編號)，再點一下 **傳送** 就可以分享給好友了。

 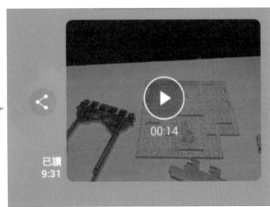

小提示

由於影片檔案比較大，所以傳送的時間通常較長，要等到影片中間的圖示由 ⊗ 轉變為 ▶ 時才算是傳送完成；影片長度限制為5分鐘，超過即無法傳送。

8 傳送語音留言

如果覺得輸入文字太耗費時間，可以直接 "用講的" 傳送語音訊息，既省時又直接。

01 進入與好友的聊天室畫面後，點一下 🎤。

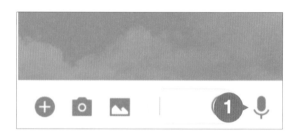

02 按住下方 🎤 即開始錄音，待留言完畢後放開即開始傳送。 (兩旁的點點閃爍狀態代表音量大小，點點閃爍的範圍小，代表目前音量較小聲；反之則音量較大聲。)

 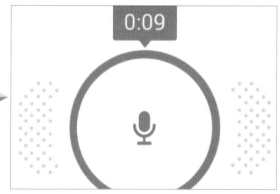

於聊天室點一下 ▶ 可聽取自己或對方傳來的語音訊息。

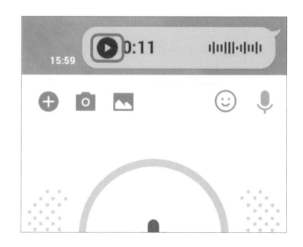

9 免費通話或視訊聊天

利用 LINE 與免費的網路，就可以隨時與好友或家人通話，或者是面對面的視訊都十分方便。

由於各家電信公司使用方案與費率皆不同，在使用前要注意行動裝置的網路流量，否則可能會有高額費用產生。

通話聊天

01 於 畫面點一下 ，再於好友列表中點一下要通話的好友名稱。

安卓

蘋果

02 點一下 ，通話完後點一下 結束通話。

通話中可以點選畫面上的功能選項：

靜音：對方會聽不見你的聲音，再點一下就可以恢復。

視訊：開啟視訊畫面，讓對方看到你的影像。

擴音 (免持聽筒)：擴音功能可以讓你不用把電話貼在耳朵上也能對話。

面對面視訊通話

01 於 畫面點一下 🔳，接著於好友列表中點一下要視訊通話的好友名稱。

安卓

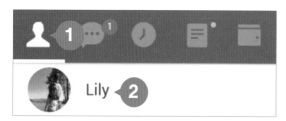

蘋果

02 點一下 📹，通話完後點一下 📞 結束視訊通話。(若出現視訊和濾鏡訊息，先點一下 **跳過**。)

通話中可以點選畫面上的功能選項：

🎤 靜音：關閉聲音，對方會聽不見你的聲音，再點一下就可以恢復。

📹 視訊：關閉視訊畫面，對方會無法看到你的影像，再點一下就可以恢復。

😊 效果及濾鏡功能：視訊時可以套用各種效果或濾鏡，讓對話更有趣。

🎮 Face Play：可以與視訊中的好友一起利用臉的表情來玩遊戲。

小提示

突然有視訊通話來電，但當下不方便視訊時，可以在來電接聽畫面最下方點選 **關閉相機**，這樣就只會以語音對話了。(你還是可以看到對方的影像，但對方看不到你。)

10 建立相簿上傳大量照片

傳送大量照片時最好是以建立相簿的方式上傳，不但管理方便，也不會因為超過保存天數無法讀取。

首次建立與好友的專屬相簿

01 進入與好友的聊天室畫面後，點一下 ☑，清單中點選 🖼。

02 點一下 **建立相簿**，再點一下 **確定**。(**蘋果** (iOS) 行動裝置只需點一下 **建立新相簿**)

03 於手機照片清單中點選要新增到相簿的照片 (可選多張照片)，再點一下 **選擇**。

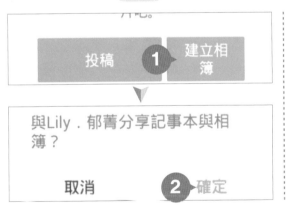

04 輸入相簿名稱後，再於虛擬鍵盤右下角點一下 ☑ (或 **完成**)，最後點一下 **新增相簿**，待上傳完成後，對方就會收到相簿新增通知了。

於專屬相簿中新增相片

01 於聊天室點一下右上角 ☑，清單中點一下 🖼 後，接著點一下 🖾 (**蘋果** (iOS) 行動裝置需再點選 **在相簿中新增照片**)，再點選要新增到相簿的照片右上角 ⚫ (可選多張)，選好後點一下 **選擇**。

02 點一下相簿右上角的 **選擇**，再點一下 **新增照片**，就可以將選取的照片新增到指定相簿裡了。

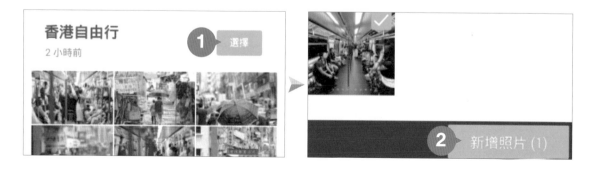

再次新增與好友的專屬相簿

在聊天室中，第二次要再建立新相簿的步驟會有些不同。

01 於聊天室點一下右上角 ，清單中點一下 ▲ 後，再點一下 ▣ （**蘋果** (iOS) 行動裝置需再點選 **新增相簿**）。

安卓

蘋果

02 點選要新增到新相簿的照片右上角 ◯ (可選多張)，選好後點一下 **選擇**，再點一下 ➕ （**蘋果** (iOS) 行動裝置不需此步驟），輸入相簿名稱後，於虛擬鍵盤右下角點一下 ☑ (或 **完成**)。

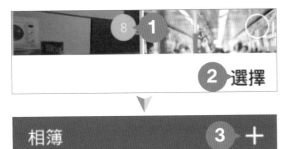

03 最後點一下 **新增相簿**，待上傳完成後，對方就會收到新增相簿的通知。

將相簿中的照片存到自己手機

01 於聊天室點一下右上角 ⌄，清單中點一下 ▣ 後，在已建立的相簿清單點一下要另外存出照片的相簿。

02 點一下相簿名稱，再點選 **選擇** (蘋果 (iOS) 行動裝置點一下右上角 ⋮ \ **儲存**)。

安卓

蘋果

03 點選要儲存的照片 (於畫面右上角點一下 ☑ 可以一次選取所有照片)，再點一下 **儲存至手機** (或 **儲存**)。

刪除相簿

建立錯誤或不需要的相簿也可以立刻刪除，但刪除後就無法再恢復了。

01 於聊天室點一下右上角 ⌄，清單中點一下 ▣ 後，在已建立的相簿清單點一下要刪除的相簿。

02 接著點一下相簿名稱 (蘋果 (iOS) 行動裝置點一下右上角 ⋮)，再點選 **刪除相簿**，於確認訊息中點一下 **是** (或 **確定**)。

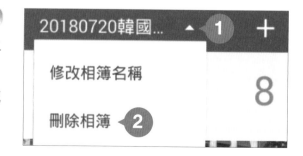

11 分享好友傳來的照片

收到有趣的照片或優惠訊息的圖片,想要再分享給其他好友其實很容易,而且還可以一次分享給很多好友。

01 進入與好友的聊天室畫面後,點一下好友傳來的照片,再於畫面點選左下角 ❮ (或 ⬆)。

02 清單中點一下 **傳送至其他聊天室**,再於好友列表中點選要傳送的好友或群組聊天室 (可選多個對象),再點一下 **確定** (或 **傳送**)。

傳送至其他聊天室 **1**
分享至動態消息
儲存至相簿

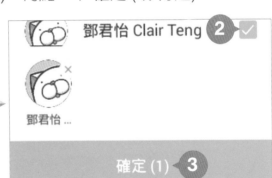

03 如果傳送的對象只有一個,於畫面中再點一下 **傳送至聊天室**,照片就會傳送給好友 (如果選取了一個以上的聊天室時,就會省略此步驟)。

12 儲存好友傳來的照片

LINE 會自動於保存時間後刪除在聊天室裡的舊照片，建議將要保存的照片存到自己的手機裡，才不會被刪除或遺失。

01 進入與好友的聊天室畫面後，點一下右上角 ☑，清單中再點選 ☑。

02 先點一下 **選擇**，再於清單中點選要儲存的照片 (可選多張)，再點一下 **儲存至手機**，照片就會儲存到行動裝置了。

下載完成後，安卓 (Android) 行動裝置可點幾下設備上 ☑，蘋果 (iOS) 行動裝置點一下左上角 ☒，就可回到聊天室畫面。

小提示

如果只是要儲存聊天室中的單張照片，也可以於聊天室點一下要儲存的照片，再點一下畫面右下角 ☑ (或 ☑)，就可以將此張照片儲存到行動裝置了。

13 用 Keep 儲存重要照片與訊息

好友傳來的地址、圖片...等重要訊息,都可以儲存起來,要查看或轉發就不用在聊天室中從頭翻找了。

將收到的圖文儲存在 Keep

01 進入與好友的聊天室畫面後,按住要儲存的對話文字或照片,待出現訊息畫面後,點一下 **儲存至 Keep** (或 **Keep**)。

安卓　　　　　　　　　　　　蘋果

02 點選要儲存的對話或照片 (可選多個),再點一下 **Keep** (或 **儲存**) 即可儲存該資訊。

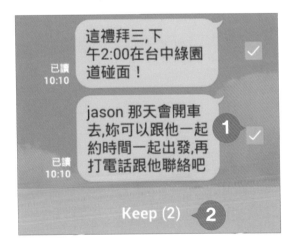

查看並轉發儲存的圖文

01 於 畫面點一下 ，接著於好友列表中點一下自己的帳號名稱。

安卓

蘋果

02 點一下 **Keep**，會發現之前儲存的圖文資料均放置此處，於 **全部** 標籤清單中點一下要轉發的文字或圖片。

03 點一下  (或 )，再點一下 **傳送至聊天室**。

04 點一下要傳送的好友名稱 (可選多個)，最後點一下 **確定** (或右上角 **傳送**) 就可以把 Keep 中的圖文轉傳給好友。

(也可以點一下 **群組** 標籤選擇傳送給群組)

12 揪好友建立群組聊天室

3 個人以上就可以建立群組聊天，很適合同學聊天、同事討論、家庭成員會議，不用一個個傳遞訊息，大家都能同時看到內容。

加入好友

LINE

1 建立群組並邀請成員加入

建立一個 LINE 群組聊天室，可以把朋友、家人、同學或是一起旅行的團員統統加進來，討論事情更有效率。

建立群組

01 於 💬 畫面點一下 👤，再點一下 👤₊。

安卓

蘋果

02 點一下 **建立群組** 輸入群組的名稱後，點一下大頭貼照片。(**蘋果** (iOS) 行動裝置會先進入邀請好友的畫面，待點選完成後才會進入輸入名稱與變更大頭貼的步驟。)

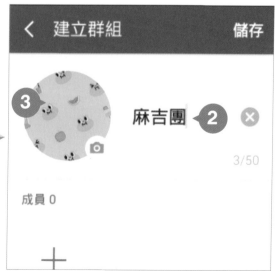

03 可以點選 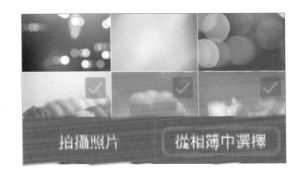 提供的圖片，或是點一下 **從相簿中選擇** (**蘋果** (iOS) 行動裝置只要點一下 **相簿**)，就可以從行動裝置中的照片選擇大頭貼照片。

04 點選要使用的大頭貼照片，於編輯範圍內按住滑動就可以移動範圍的位置 (按住四個角落任一個 ⌐ 滑動可縮放照片範圍，若無 ⌐ 請試著以姆指與食指分開、靠攏的方式縮放照片)，完成範圍指定後點一下 **確定** (或 **完成**)。

05 若不想於大頭貼內做任何編輯動作 (如濾鏡、繪圖或文字...等效果)，點一下 **完成**，就完成了大頭貼設定。

邀請群組成員

01 點一下 ⊞ 新增群組成員，點選想要加入群組的好友名稱 (可選多個)，再點一下 **邀請**。

02 群組設定完成後，點一下 **儲存** (或 **完成**)，被邀請的好友就會收到通知。

03 接下來出現的首頁畫面僅能看到自己的大頭貼，待好友確認參加此群組後，好友的大頭貼就會出現在此，成員都加入後就可以開始聊天了。

加入群組

01 於  畫面點一下 👤，於好友列表中點一下收到的群組邀請。

女半

蘋果

02 於首頁畫面點一下 👤 就可加入群組，再於訊息點一下 **顯示群組** (或 **查看群組**) 就可以進入群組聊天室開始聊天。

2 更換群組名稱

完成了群組建立後，仍可以修改群組名稱，符合群組的特性。

01 於  畫面點一下 👤，於好友列表中點一下要修改名稱的群組。

02 於群組首頁畫面點一下 ⚙️。

03 點一下群組名稱，輸入新的群組名稱後，再點一下 **儲存** 就完成群組名稱的變更。 (透過 ↩ 或 ✕ 即可回到好友列表)

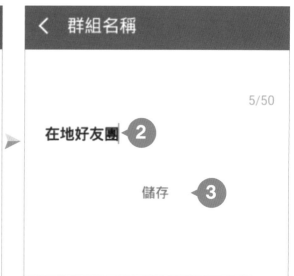

3 增加群組成員

除了一開始新建群組時可邀請成員加入，日後也可由各成員繼續邀請其他朋友加入。

01 於 畫面點一下 ，接著於好友列表點一下欲增加成員的群組名稱。

02 於畫面點一下群組人員大頭貼旁的數字，再點一下 (或 **邀請好友**)。

03 點選想要邀請的好友名稱 (可選多個)，再點一下 **邀請**，待受邀請的人確認後就會加入群組。(透過 或 即可回到好友列表)

4 刪除群組成員或退出群組

若覺得某些成員的發言不適合群組屬性，可將他踢出群組，自己也可以主動退出群組。

刪除群組成員

01 於 📱 畫面點一下 👤，接著於好友列表點一下要刪除成員的群組名稱。

安卓

蘋果

02 點一下群組人員大頭貼旁的數字，再點一下 **編輯**（**蘋果** (iOS) 行動裝置的 **編輯** 位於畫面右上角)。

03 **安卓** (Android) 行動裝置與 **蘋果** (iOS) 行動裝置的刪除群組成員流程稍有不同，請參考以下步驟操作：(透過 ↩ 或 ‹ 即可回到好友列表)

安卓

蘋果

退出群組

01 於 画面點一下 ，接著於好友列表點一下要退出的群組名稱。

安卓

蘋果

於群組首頁畫面右上角點一下 🟦。

 於畫面點一下 **退出群組**，再於訊息中點一下 **是** (或 **確定**)，就可以退出這個群組。

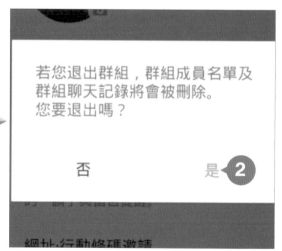

如果退出群組後想再次加入，可以請群組內的成員再次傳送邀請給你 (參考 P12-7)，接受邀請之後就可以再次加入群組。

5 群組聊天時標註特定好友

群組聊天時，可以標註群組內的特定好友，讓對方知道哪些訊息跟自己有關，從此不會錯過！

01 進入群組的聊天室畫面，在輸入欄位輸入「@」，接著會出現群組聊天室成員名單，點選欲標註的好友。

02 於 "@好友名稱" 後方輸入要說的文字，再點一下 ▶，就可以傳送一則有標註好友的訊息，對方則是會收到 "您已被標註" 的訊息，且名字顯示藍色，如此就不怕好友漏掉訊息。

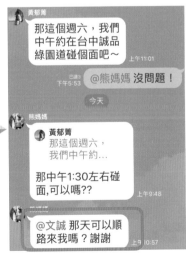

6 針對指定訊息回覆

群組聊天時,可以針對指定訊息進行回覆,讓對話的內容可以更準確的傳遞給指定對象,解決對話不斷被洗版的困擾。

01 進入群組的聊天室畫面,長按欲回覆的訊息 (文字、照片、影片、貼圖訊息均可),再點選 回覆。

02 輸入欄位上方會顯示欲回覆的訊息,輸入要回覆的內容後,點一下 ►,就可以看到已針對該訊息做回覆了。

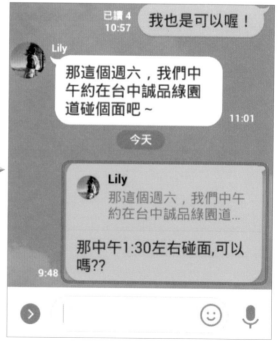

13 讓 LINE 更好用的秘技

只要做些小設定就能讓 LINE 更好用,像是字體變大、換機時也能保留好友名單、中日文翻譯、關閉擾人的訊息通知,還有拒絕不認識的人加入,這些都是很重要的使用技巧。

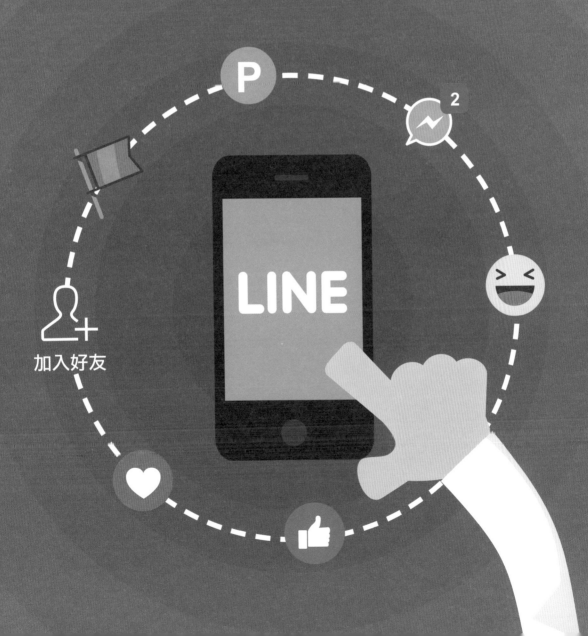

1 煩人的廣告不要來

有些帳號或群組日夜不分的傳送廣告或活動訊息，只要將這些擾人的聊天室設定為不通知的狀態，就可以解決這個問題。

01 於 🔵 畫面點一下 💬，接著於聊天列表中點一下想要停止通知的聊天室名稱。

安卓

蘋果

02 點一下 ☑，再點一下 🔇，就可以關閉該聊天室的通知與提醒鈴聲，但仍會收到該聊天室的訊息 (對方不會收到任何變更通知)。

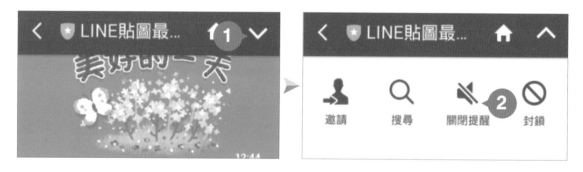

小提示

如果不想要再收到任何從某帳號來的 🔵 訊息或廣告，可以於該聊天室畫面點一下右上角 ☑，再點一下 🚫，就會封鎖來自這個帳號的訊息 (對方於傳送訊息時會收到無法傳送的通知)。

2 暫時關閉訊息通知

在吃飯、休息時不想收到 "叮咚" 的訊息通知，可以設定暫停訊息通知 1 小時或是到隔天早上 8 點。

01 於 畫面點一下 🧑，再點一下 ⚙。

安卓

蘋果

02 點一下 **提醒**，再點一下 **暫停**。

03 最後點一下想要暫停的時間選項，設定完成後返回提醒畫面，就可以看到暫停通知到何時的訊息。

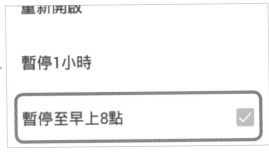

3 阻擋陌生人隨便加我為好友

有時會收到莫名其妙的帳號加你為好友，開始傳送廣告、推銷訊息，只要取消允許被加入好友的設定即可。

01 於 ⬜ 畫面點一下 👤，再點一下 ⚙。

安卓

蘋果

02 點一下 **好友**，確認 **允許被加入好友** 項目為未勾選或 ⚪ (若為勾選或 🔵 請點一下該項目)，他人就無法直接透過電話加你為好友，就不會收到莫名的推銷訊息了。

4 綁定 E-mail，換機也不怕遺失好友

將 LINE 帳號與 E-mail 綁定，未來換機時不但可以保留 "好友清單"，保留下來的帳號資料，也可於電腦版輸入帳號、密碼登入。

大部份都習慣以電話號碼申請及加入 ，若只有綁定手機號碼，日後要換新手機或新電話號碼時，原本設定的帳號資料、好友清單、貼圖...等，可能會遺失，所以最好是能設定習慣使用的電子郵件帳號。

01 於 畫面點一下 ，再點一下 。

安卓

蘋果

02 點一下 **我的帳號**，再點一下 **電子郵件帳號**。

03 輸入電子郵件帳號、密碼 (6~20字) 及再輸入一次密碼 以便確認,輸入完成點一下 **確定**。

04 接著於剛才輸入的 E-mail 帳號中會收到認證信,於郵件中找到認證碼 (Verification code),再回到 <line> 於 **設定電子郵件帳號** 畫面輸入認證碼,點一下 **進行認證**。

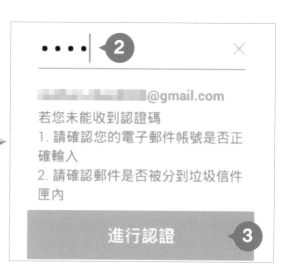

05 最後點一下 **確定**,以後就可以登入這一組 E-mail 與密碼,在換機時保留此帳號相關資料。

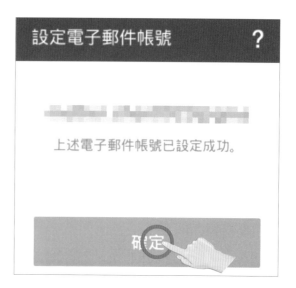

5 調整字體大小

現在的人使用 3C 商品時間太久，常會覺得看文字吃力，不妨將 LINE 的顯示字體調大。

01 於 畫面右上角點一下 👤，再點一下 ⚙。

安卓

蘋果

02 點一下 **聊天**，再點一下 **字體大小**。

03 最後點一下要變更的字體大小即可。

(蘋果 (iOS) 行動裝置要先確認 **按照iPhone設定** 項目為 ，若為 請先點一下該項目才能調整字體大小。)

6 中日文直接翻譯好便利

LINE 官方帳號提供了於聊天室中直接雙向翻譯中、日文的功能，讓你與日本朋友溝通無障礙，也可邀請朋友一起多方對談。

一句一句的翻譯

01 於  畫面點一下 ▦，再點一下 ⬟。

安卓

蘋果

02 點一下搜尋欄位，輸入「中日」，再點一下 **LINE中日翻譯**。

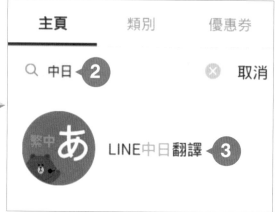

於開啟的官方帳號頁面點一下

下 。

04 接著點一下右上角 ✕，再點一下 💬，可回到聊天列表。

05 點一下 **LINE中日翻譯**，於輸入欄位中輸入文字內容並傳送，就會自動幫你將該內容翻譯好 (中文就會回覆日文，輸入日文會回覆中文)。

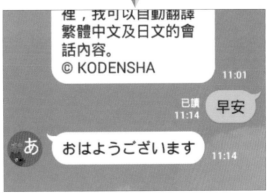

邀請好友一起聊天同步翻譯

01 於 ⬤ 畫面點一下 💬，列表中點一下 **LINE中日翻譯** 開啟聊天室，接著點一下右上角 🔽。

02 點一下 👤，於出現的好友列表中點選想要加入聊天室的好友 (可選多個)，再點一下 **聊天** (或 **確定**)。

03 接著就可以開始聊天了，當對話內容為中文，**LINE中日翻譯** 就會翻譯該句為日文意思；相對的，當對話內容為日文時，**LINE中日翻譯** 就會翻譯該句為中文意思。

當三方對話結束不需要 **LINE中日翻譯** 時，可直接在對話中輸入「@bye」，該帳號就會退出聊天室了。

14 LINE 拍貼，
製作個人專屬貼圖

LINE 拍貼是免費製作貼圖的官方應用程式，透過智慧型
手機，就可以輕鬆將自己拍的照片製作成 LINE 貼圖，
不僅可以跟好友分享，還可以上架販售。

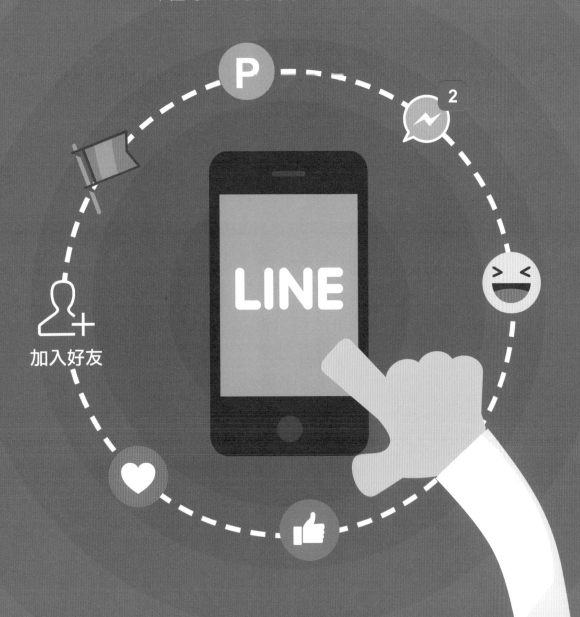

1 安裝並開啟 LINE 拍貼

第一次使用 LINE 拍貼需先至 PLAY 商店 (或 App Store) 下載並安裝應用程式，完成後就可以開始拍貼囉！

由於 **安卓** (Android) 與 **蘋果** (iOS) 行動裝置，在 **C** **LINE 拍貼** 畫面上的差異不大，將以 **安卓** (Android) 手機畫面為主，說明行動裝置上使用 **C** **LINE 拍貼** 的方式。

01 **C** **LINE 拍貼** 安裝完成後，於主畫面點一下 **C**，開啟進入。(若未安裝應用程式，請參考 **附錄 A** 的操作說明)

02 於 **C** 畫面點一下 **START** (第一次開啟)，會出現說明內容，可左、右滑動畫面瀏覽，或點一下 **製作貼圖** 直接進入。(之後再次開啟 **C** **LINE 拍貼** 時，可點一下 **製作新貼圖** 進入。)

2 製作個人特色的 LINE 貼圖

使用自己拍的小孩照、花草、風景圖...等，加上文字與手繪塗鴉
的效果，做出有趣的貼圖。

開啟照片並去背

01 於 **製作貼圖** 畫面點一下 ➕，接著點一下 🖼 (如果行動裝置中沒有合
適的照片可使用，可點選 📷 拍攝一張新的照片)。

02 從手機相簿點選欲製作貼圖的照片，開啟後會先要求將照片修剪成
要製作貼圖的部分。

03 先點選 ，再用手指滑動拖曳描繪出要去背的框線。(可先用二指縮放照片至合適的大小後，再開始描邊。)

小提示

描邊時不用一口氣完成，可以在不容易操作的圖像轉角部分暫停，再接續第二次的描邊直至結束；如果對上一個描邊的框線不甚滿意時，可點選 ⟲ 回復到上一個動作。

04 拖曳描繪框線並連接回起始處後，即會自動封閉並在框線上顯示可以調整的控點。

05 先將照片放大較好操作，使用手指拖曳  控點，調整人物四周的描邊至合適的曲度後，點一下 **下一步**。

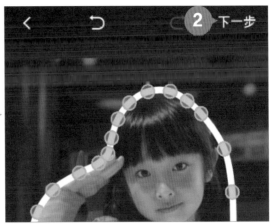

06 利用二指滑動縮放或旋轉照片至合適的大小及位置後，即完成去背，接著點一下 **下一步**。(如果對去背的效果不甚滿意，可點一下 ⟨ 回到上一個畫面再重新調整控點。)

調整照片效果

01 於 **編輯圖片** 畫面點選 ▽。(如果想進一步調整色調，可點選 ⁂，再依個人喜好調整亮度、對比、彩度、曝光...等設定值。)

02 用手指往左滑動可看到更多濾鏡效果，點選喜歡的效果套用 (點選後可拖曳上方滑桿調整強度)，完成後點一下 ✓。

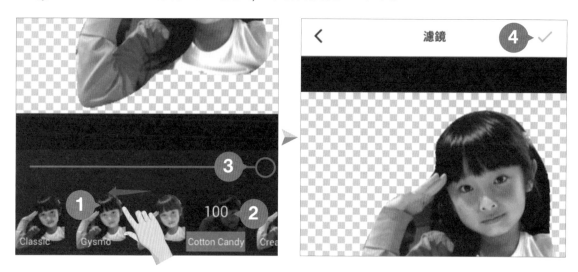

加入貼圖文字

01 於 **編輯圖片** 畫面點選 ⊤，輸入文字後點一下 ✓ 完成。

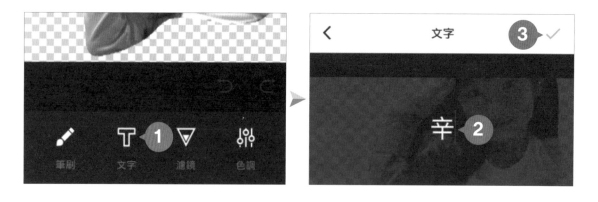

02 還可以再幫文字做些效果，先點選 ⊤ (或 ああ)，用手指往左滑動並點選合適字型套用，如果沒有喜歡的字型，可點選 ➕ 下載新的字型。

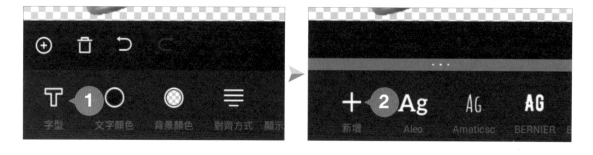

03 使用手指上下滑動，在欲下載的字型預覽縮圖點一下右側  側 🔽，再點選 **下載**。(透過左上角 ✕ 或裝置上 🔙 可回到文字編輯畫面)

04 使用手指於文字上拖曳可移動位置，在文字範圍內以拇指與食指分開、靠攏的方式縮放並旋轉文字角度。

05 點選 ➕ 可新增文字，依相同操作方式分別完成 "苦" 與 "了" 文字設計，完成後點一下右上角 ✅。

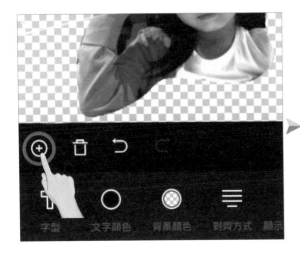

加入手繪效果

01 於 **編輯圖片** 畫面點選 🖊。

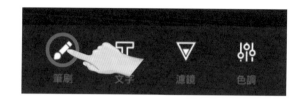

02 點選 ⭕ 會出現顏色方塊，使用手指往左滑動可選擇其他顏色，點一下欲使用的顏色後，再點一下 ✓。

03 點選 ⤢ (或 **12**) 會出現調整滑桿，使用手指左右拖曳可調整筆劃粗細。(畫面中央會出現筆劃粗細的預覽縮圖)

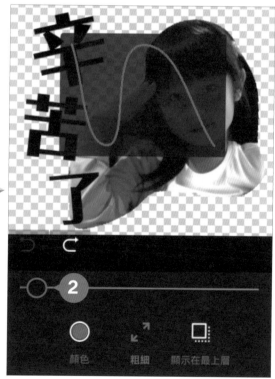

04 直接用手在螢幕上繪製需要的圖形，完成後點一下 ✓，再點一下 **下一步**。(繪製過程中如不滿意，可點選 ⤺ 復原動作。)

05 接著會出現模擬完成圖畫面，點二次 **儲存** 即完成該貼圖的製作 (**蘋果** (iOS) 行動裝置需要再點一下 **OK**)。依相同操作方式完成其他貼圖的製作，如果完成一組貼圖 (至少 8 張) 後，會出現申請販售的提示，此時先點選 **關閉**。

3 傳送自製貼圖

製作好的貼圖可以匯出變成圖檔，直接在 LINE 裡以圖片方式傳給聊天的對象。

01 於製作貼圖畫面點一下要傳送的貼圖縮圖。

02 點選 ... \ **儲存至相簿** (或 **儲存影像**)，即可將圖片儲存在手機裡。

03 進入聊天室後，以傳送照片的方式，點選即可傳送。(傳送方式可參考 P11-10 說明)

小提示

儲存至相簿的貼圖無法以去背的狀態呈現，唯有在申請上架銷售後，才會呈現 LINE 貼圖樣式。

在手機、平板
下載與安裝應用程式

行動裝置主畫面上一個個圓角矩型的圖示即是應用程式。要開啟使用 **f** Facebook、Line、 Message 聊天室，必須先到行動裝置的 **商店** 下載、安裝。

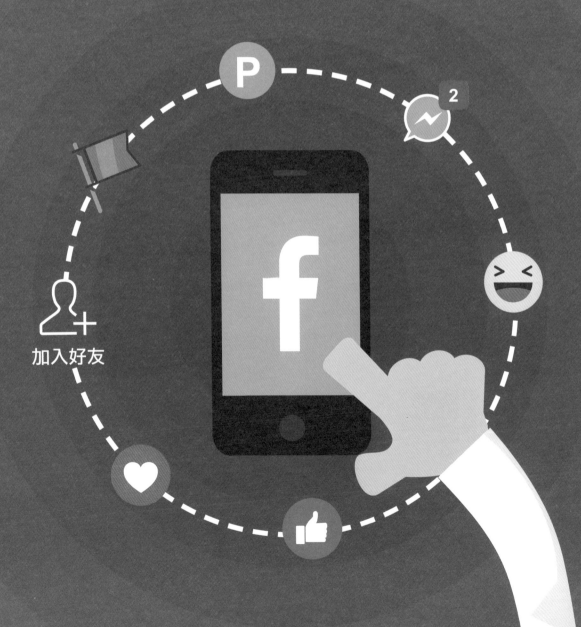

加入好友

1 下載與安裝安卓系統的應用程式

在安卓手機、平板下載安裝 Facebook、LINE、Message 聊天室的方式均相同,在此以 Facebook (臉書) 示範說明。

如果你使用的是 **安卓** (Android) 系統的手機、平板,請參考以下操作方式:

01 開始下載安裝應用程式之前,必須先確認網路是否已連線,連線正常時設備上方會出現 🛜 圖示,或是有如 4G ...等網路訊號,才能順利下載。

02 於手機、平板主畫面點一下 ▶ 進入商店畫面,點一下畫面上方的搜尋欄位。

03 於搜尋欄位中輸入關鍵字「facebook」，於搜尋結果清單中點一下要下載安裝的應用程式。

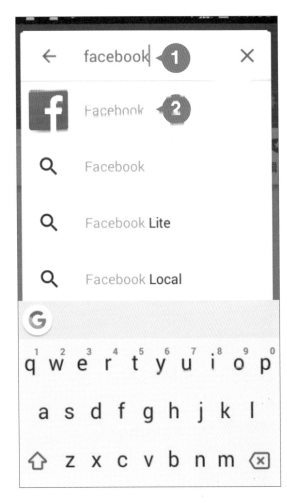

04 進入該應用程式介紹畫面，直接點一下 **安裝**。

05 再點一下 **接受**，即開始下載並安裝應用程式到手機或平板裝置。

06 安裝完成後，點一下 **開啟** 即可開啟應用程式使用。

安裝完成後，會在主畫面產生一個應用程式 (如：📘 Facebook)，點一下該應用程式也可開啟進入。

Lite   Snapseed   LINE   Play 商店   Facebook

2 下載與安裝蘋果系統的應用程式

在蘋果手機、平板下載安裝 Facebook、LINE、Message 聊天室的方式均相同，在此以 Facebook (臉書) 示範說明。

如果你使用的是 **蘋果** (iOS) 系統的手機、平板，例如 iPhone、iPad、iPod touch...等設備，請參考以下操作方式：

01 開始下載、安裝應用程式之前，必須先確認網路是否已連線，連線正常時設備上方會出現 📶 圖示，或是有如 4G 等網路訊號，才能順利下載。

02 於手機、平板主畫面點一下 🄰 (App Store)，進入蘋果商店畫面。

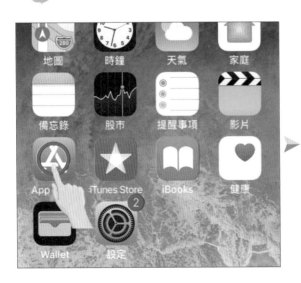

03 於蘋果商店主畫面點一下 🔍 出現搜尋欄位，於搜尋欄位中輸入關鍵字「facebook」，清單中點一下 **facebook**。

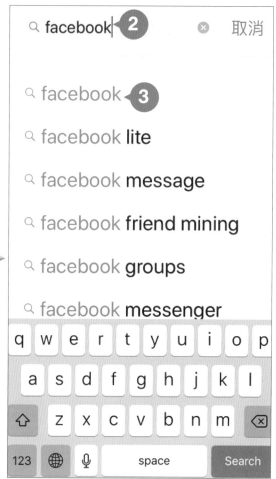

04 於應用程式圖示旁點一下 **取得**，再點一下 **安裝**，即開始下載並安裝應用程式到手機或平板裝置。(出現 **取得** 即為免費的應用程式)

05 這時會顯示登入的畫面，請輸入你的蘋果帳號 (Apple ID) 的密碼，輸入完畢後，點一下 **登入**，什應用程式畫面會顯示正在安裝的 ◉ 進度。

06 安裝完成後，點一下 **打開** 即可開啟 👍 Facebook 應用程式使用。

A 在手機、平板下載與安裝應用程式

小提示

安裝完成後，會在主畫面產生一個應用程式 (如：👍 Facebook)，點一下該應用程式也可開啟進入。

大字大圖解--快樂用 Facebook+LINE

作　　　者：文淵閣工作室
總 監 製：鄧文淵
企劃編輯：王建賀
文字編輯：王雯雅
設計裝幀：張寶莉
發 行 人：廖文良

發 行 所：碁峰資訊股份有限公司
地　　　址：台北市南港區三重路 66 號 7 樓之 6
電　　　話：(02)2788-2408
傳　　　真：(02)8192-4433
網　　　站：www.gotop.com.tw
書　　　號：ACV038800
版　　　次：2018 年 12 月初版
建議售價：NT$380

國家圖書館出版品預行編目資料

大字大圖解：快樂用 Facebook+LINE / 文淵閣工作室編著.-- 初
　版.-- 臺北市：碁峰資訊, 2018.12
　　面；　公分
　ISBN 978-986-476-988-9(平裝)
　1.網路社群　2.LINE
312.1695　　　　　　　　　　　　　　　　　107020591

讀者服務

● 感謝您購買碁峰圖書，如果您對
　本書的內容或表達上有不清楚
　的地方或其他建議，請至碁峰網
　站：「聯絡我們」\「圖書問題」
　留下您所購買之書籍及問題。
　（請註明購買書籍之書號及書
　名，以及問題頁數，以便能儘快
　為您處理）
　http://www.gotop.com.tw

● 售後服務僅限書籍本身內容，若
　是軟、硬體問題，請您直接與軟、
　硬體廠商聯絡。

● 若於購買書籍後發現有破損、缺
　頁、裝訂錯誤之問題，請直接將
　書寄回更換，並註明您的姓名、
　連絡電話及地址，將有專人與您
　連絡補寄商品。